これでわかる理科 小学5年

文英堂編集部　編

JN098608

文英堂

特別ふろく
要点チェックカード

1 植物のたね (p.5)

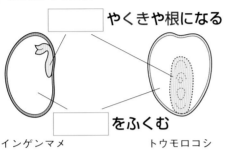

やくきや根になる

をふくむ

インゲンマメ　　　トウモロコシ

2 たねの発芽① (p.5)

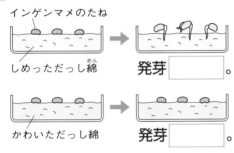

インゲンマメのたね

しめっただっし綿　発芽　　　　。

かわいただっし綿　発芽　　　　。

3 たねの発芽② (p.5)

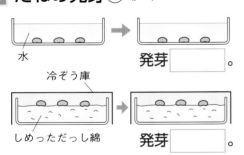

水　　　　発芽　　　　。

冷ぞう庫

しめっただっし綿　発芽　　　　。

4 たねの中のでんぷん (p.5)

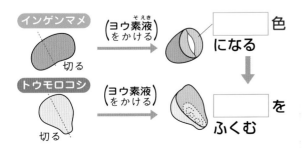

インゲンマメ
切る
（ヨウ素液をかける）
　　　色になる

トウモロコシ
切る
（ヨウ素液をかける）
　　　をふくむ

5 植物と日光 (p.17)

日なた

水＋肥料

育ち方が　　　　。

6 植物と肥料 (p.17)

日なたで育てる

水＋肥料

育ち方が　　　　。

7 植物の成長 (p.17)

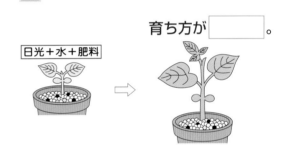

日光＋水＋肥料

育ち方が　　　　。

8 春のころの雲 (p.27)

雲は　　　　から　　　　へ動く。

雲

1日後

9 春のころの天気 (p.27)

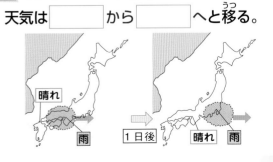

天気は　　　　から　　　　へと移る。

晴れ

雨

1日後　　晴れ　雨

5 植物と日光

日なた
水＋肥料（ひりょう）

育ち方が よい 。

くきが 太い
葉が 大きい

カードの使い方としくみ

ミシン目で切り取ってください。リングにとじて使えば便利です。

● カードの表には要点チェックの問題が，カードのうらにはチェック問題の答えと説明がのっています。
● わからなかったり，まちがえたりしたところは，本さつを読み直しましょう。

6 植物と肥料（ひりょう）

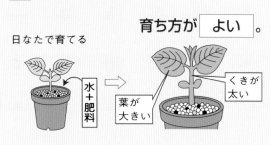

日なたで育てる
水＋肥料

育ち方が よい 。

くきが 太い
葉が 大きい

1 植物のたね

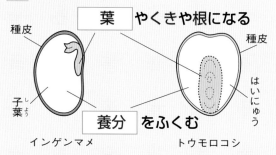

種皮（しゅひ）
葉 やくきや根になる
種皮（しゅひ）
はいにゅう
子葉（しよう）
養分 をふくむ

インゲンマメ　　　トウモロコシ

7 植物の成長

日光＋水＋肥料

育ち方が よい 。

葉も大きく くきも太い

2 たねの発芽①

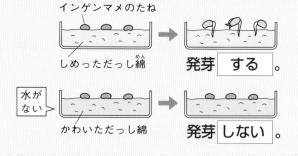

インゲンマメのたね
しめっただっし綿（めん）

発芽 する 。

水がない
かわいただっし綿

発芽 しない 。

8 春のころの雲

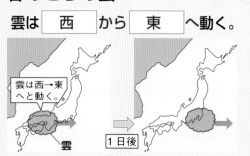

雲は 西 から 東 へ動く。

雲は西→東へと動く。
雲
1日後

3 たねの発芽②

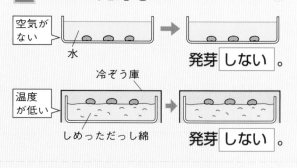

空気がない
水

発芽 しない 。

冷ぞう庫
温度が低い
しめっただっし綿

発芽 しない 。

9 春のころの天気

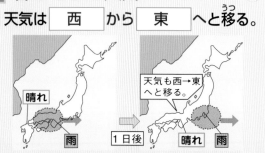

天気は 西 から 東 へと移（うつ）る。

晴れ
雨
1日後
天気も西→東へと移る。
晴れ　雨

4 たねの中のでんぷん

インゲンマメ
切る
（ヨウ素液（そえき）をかける）
青むらさき色になる

↓

トウモロコシ
切る
（ヨウ素液をかける）
でんぷん をふくむ

10 積乱雲と天気 (p.27)

積乱雲が発生するとはげしい　[　　　]　になる。

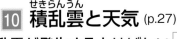

11 メダカのおすとめす (p.37)

メダカの　[　　　]　　　　メダカの　[　　　]

12 メダカのたまご (p.37)

25℃くらいでよくうみ，[　　　]にくっつける。

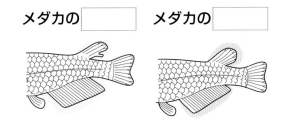

（めす）

メダカのたまご

1〜1.5mm

13 子メダカの育ち方① (p.37)

[　　　]　　　　　　　[　　　]

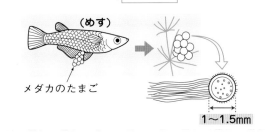

（かえったメダカ）

14 子メダカの育ち方② (p.37)

2〜3日はふくろの中の　[　　　]　で育つ。

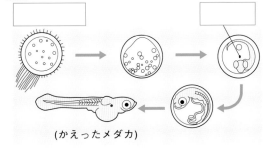

（かえってすぐ）

ふくろ

自分でえさを
食べるように
なる。

（かえってから3日後）

ふくろがなくなる。

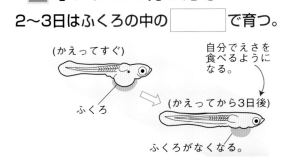

15 受精卵の育つ所 (p.49)

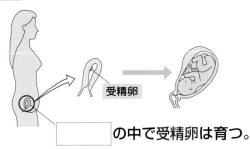

受精卵

[　　　]　の中で受精卵は育つ。

16 たい児の養分 (p.49)

母親

たいばん

へそのお

たい児

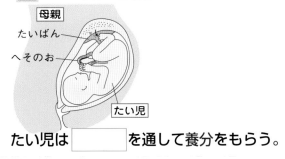

たい児は　[　　　]　を通して養分をもらう。

17 アサガオの花のつくり (p.59)

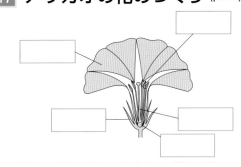

18 ヘチマの花のつくり (p.59)

おばな　　　　　めばな

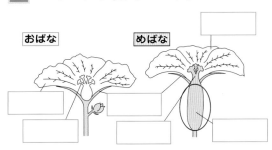

19 おしべの先 (p.59)

アサガオ　　　　　　　　　　　ヘチマ

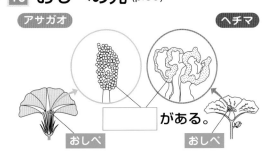

[　　　]　がある。

おしべ　　　　　　　　　　　　おしべ

15 受精卵の育つ所

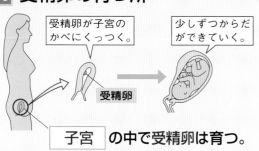

受精卵が子宮のかべにくっつく。

少しずつからだができていく。

受精卵

子宮 の中で受精卵は育つ。

16 たい児の養分

母親
たいばん
へそのお
たい児

たい児の成長に必要な養分などは，母親からもらう。

たい児の中でできた，いらなくなったものは，母親にわたす。

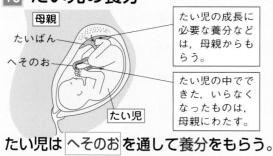

たい児は へそのお を通して養分をもらう。

17 アサガオの花のつくり

おしべ
花びら
中心にめしべが1本あり，そのまわりにおしべが5本ある。
がく
めしべ
子ぼう

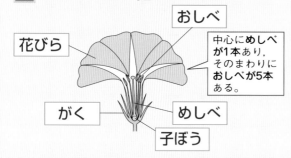

18 ヘチマの花のつくり

おばな
めばな
花びら
花びら
がく
おしべ
めしべ
子ぼう
つぼみ

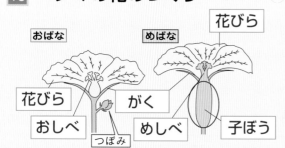

19 おしべの先

アサガオ
花粉はおしべの先にある
ヘチマ

花粉 がある。

おしべ
おしべ

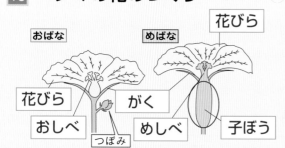

10 積乱雲と天気

積乱雲が発生するとはげしい 雨 になる。

発達した積乱雲

11 メダカのおすとめす

メダカの おす　　メダカの めす

せびれに切れこみがある

せびれに切れこみがない

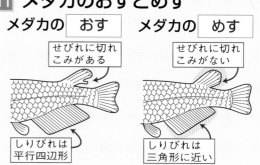

しりびれは平行四辺形

しりびれは三角形に近い

12 メダカのたまご

25℃くらいでよくうみ， 水草 にくっつける。

（めす）

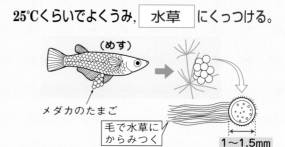

メダカのたまご

毛で水草にからみつく

1〜1.5mm

13 子メダカの育ち方①

受精卵

心ぞう

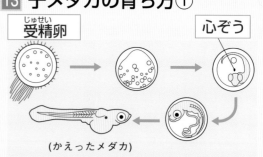

（かえったメダカ）

14 子メダカの育ち方②

2〜3日はふくろの中の 養分 で育つ。

（かえってすぐ）

自分でえさを食べるようになる。

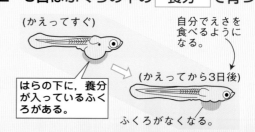

はらの下に，養分が入っているふくろがある。

（かえってから3日後）

ふくろがなくなる。

20 花粉の形 (p.59)

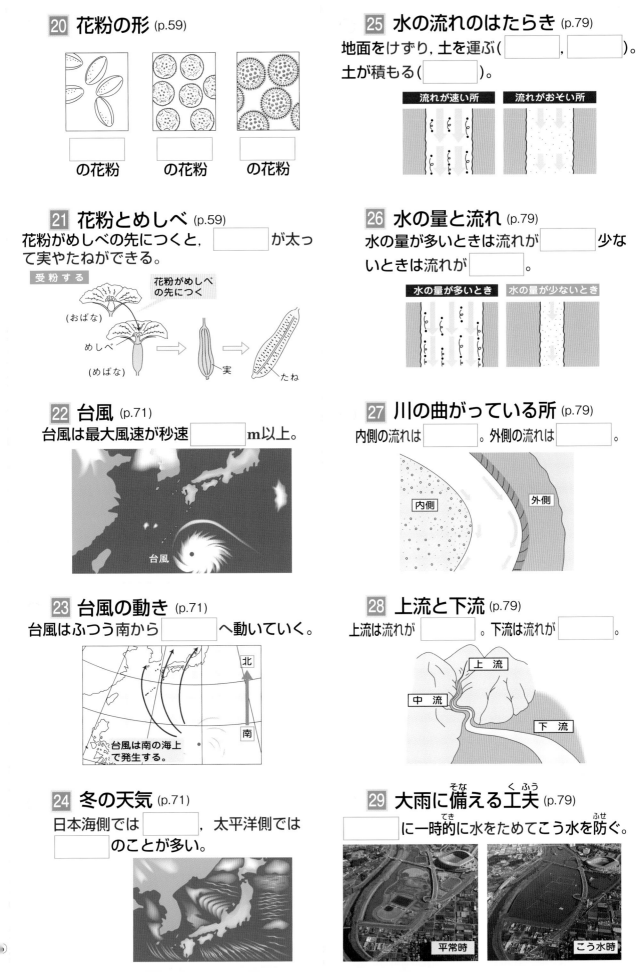

の花粉	の花粉	の花粉

21 花粉とめしべ (p.59)

花粉がめしべの先につくと，□□□が太って実やたねができる。

受粉する

花粉がめしべの先につく

(おばな)

めしべ

(めばな)

実

たね

22 台風 (p.71)

台風は最大風速が秒速□□□m以上。

台風

23 台風の動き (p.71)

台風はふつう南から□□□へ動いていく。

北

南

台風は南の海上で発生する。

24 冬の天気 (p.71)

日本海側では□□□，太平洋側では□□□のことが多い。

25 水の流れのはたらき (p.79)

地面をけずり, 土を運ぶ(□□□, □□□)。
土が積もる(□□□)。

流れが速い所　　流れがおそい所

26 水の量と流れ (p.79)

水の量が多いときは流れが□□□少ないときは流れが□□□。

水の量が多いとき　水の量が少ないとき

27 川の曲がっている所 (p.79)

内側の流れは□□□。外側の流れは□□□。

内側

外側

28 上流と下流 (p.79)

上流は流れが□□□。下流は流れが□□□。

上流

中流

下流

29 大雨に備える工夫 (p.79)

□□□に一時的に水をためてこう水を防ぐ。

平常時

こう水時

25 水の流れのはたらき

地面をけずり, 土を運ぶ(しん食 , 運ぱん)。
土が積もる(たい積)。

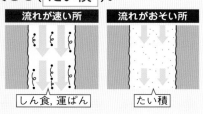

26 水の量と流れ

水の量が多いときは流れが 速く 少ないときは流れが おそい 。

27 川の曲がっている所

内側の流れは おそい 。外側の流れは 速い 。

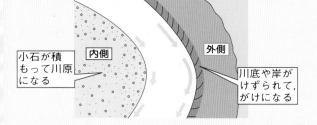

28 上流と下流

上流は流れが 速い 。下流は流れが ゆるやか 。

29 大雨に備える工夫

遊水地 に一時的に水をためてこう水を防ぐ。

平常時

こう水時

20 花粉の形

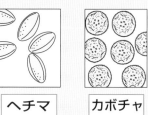

ヘチマ
の花粉
カボチャ
の花粉
アサガオ
の花粉

21 花粉とめしべ

花粉がめしべの先につくと, 子ぼう が太って実やたねができる。

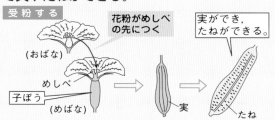

22 台風

台風は最大風速が秒速 17.2 m以上。

23 台風の動き

台風はふつう南から 北 へ動いていく。

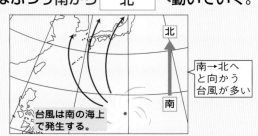

24 冬の天気

日本海では 雪 , 太平洋側では
晴れ のことが多い。

30 水にとけた物 (p.91)

水よう液は［　　　　］である。

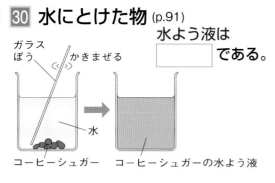

ガラスぼう　かきまぜる　水　コーヒーシュガー　コーヒーシュガーの水よう液

31 水にとけた物の重さ (p.91)

水の重さ + とかした物の重さ = ［　　　　］の重さ

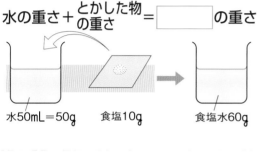

水50mL=50g　食塩10g　食塩水60g

32 ホウ酸・食塩のとける量と温度 (p.91)

とける量は温度を上げると，［　　　　］はふえるが［　　　　］はあまり変わらない。

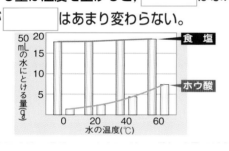

50mLの水にとける量(g)　食塩　ホウ酸　水の温度(℃)

33 水にとけた物を取り出す (p.91)

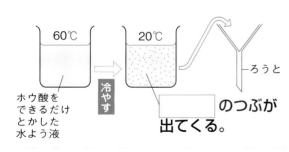

60℃　ホウ酸をできるだけとかした水よう液　冷やす　20℃　ろうと　［　　　　］のつぶが出てくる。

34 ふりこの動く速さ (p.109)

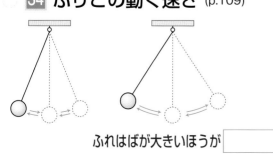

ふれはばが大きいほうが［　　　　］。

35 ふれはば・重さと1往復時間 (p.109)

ふれはばがちがう　おもりの重さがちがう

10g　10g　20g

ふりこが1往復する時間は［　　　　］。

36 長さと1往復時間 (p.109)

ふりこの長さが長いほうが1往復する時間は［　　　　］。

ふりこの長さが短い　ふりこの長さが長い

37 電流のはたらき (p.119)

コイルに電流を流すと［　　　　］になる。

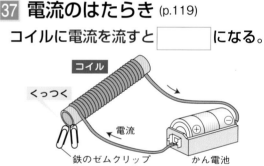

コイル　くっつく　電流　鉄のゼムクリップ　かん電池

38 電磁石の極と電流の向き (p.119)

［　　　　］極　［　　　　］極　⊖　⊕　電流の向き

39 電磁石とコイルのまき数 (p.119)

まき数が多いほど，電流が強いほど電磁石は［　　　　］。

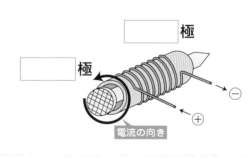

少　まき数　多　弱　電流　強　50回まき　100回まき　100回まき

35 ふれはば・重さと1往復時間

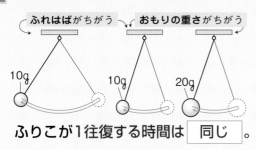

↑ ふれはばがちがう　↑ おもりの重さがちがう

ふりこが1往復する時間は 同じ 。

36 長さと1往復時間

ふりこの長さが長いほうが1往復する時間
は 長い 。

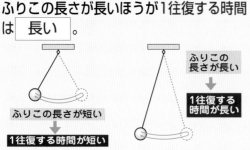

ふりこの長さが短い
↓
1往復する時間が短い

ふりこの長さが長い
↓
1往復する時間が長い

37 電流のはたらき

コイルに電流を流すと 電磁石 になる。

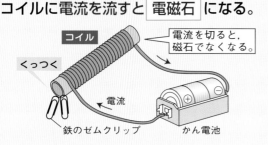

コイル

電流を切ると、
磁石でなくなる。

くっつく

電流

鉄のゼムクリップ　　かん電池

38 電磁石の極と電流の向き

S極側から見ると、
Ⓢの向きに見える。

S 極

N 極

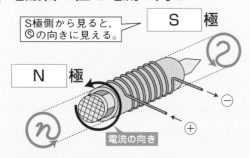

電流の向き

39 電磁石とコイルのまき数

まき数が多いほど、電流が強いほど電磁石
は 強い 。

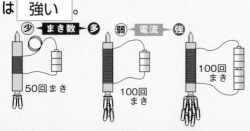

少 まき数 多　　弱 電流 強

50回まき　　100回まき　　100回まき

30 水にとけた物

水よう液は
とう明 である。

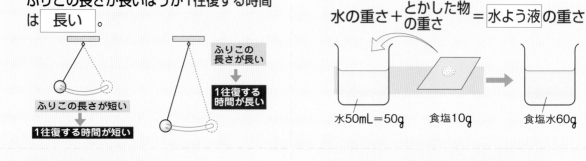

ガラスぼう

かきまぜる

水

コーヒーシュガー

とけた物が
液全体に広
がっている。

コーヒーシュガーの水よう液

31 水にとけた物の重さ

水の重さ ＋ とかした物の重さ ＝ 水よう液の重さ

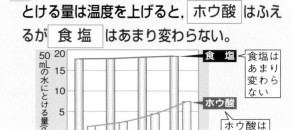

水50mL＝50g　　食塩10g　　食塩水60g

32 ホウ酸・食塩のとける量と温度

とける量は温度を上げると、 ホウ酸 はふえ
るが 食塩 はあまり変わらない。

食塩
食塩は
あまり
変わら
ない

ホウ酸
ホウ酸は
ふえる

50mLの水にとける量(g)
0　20　40　60
水の温度(℃)

33 水にとけた物を取り出す

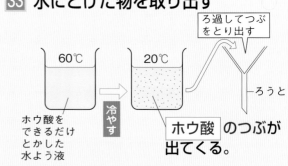

60℃　　20℃

ろ過してつぶ
をとり出す

ろうと

ホウ酸を
できるだけ
とかした
水よう液

冷やす

ホウ酸 のつぶが
出てくる。

34 ふりこの動く速さ

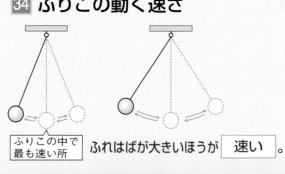

ふりこの中で
最も速い所

ふれはばが大きいほうが 速い

この本の特色と使い方

この本は, 全国の小学校・じゅくの先生やお友だちに, "どんな本がいちばん役に立つか"をきいてつくった参考書です。

❶ 教科書にぴったりとあっている。

❷ たいせつなこと(要点)が, わかりやすく, ハッキリ書いてある。

❸ 教科書のドリルやテストに出る問題が, たくさんのせてある。

❹ 問題の考え方が, 親切に書いてあるので, 実力が身につく。

❺ カラー写真や図・表がたくさんのっているので, 楽しく勉強できる。中学入試にも利用できる。

この本の組み立てと使い方

教科書のまとめ

- その章で勉強するたいせつなことをまとめてあります。
- ▷ 予習のときにざっと目を通し, テスト前の復習のときに, しっかりおぼえましょう。

本文

- 教科書で勉強することを, 順番に, わかりやすく, くわしく説明してあります。
- ▷ みなさんがぎ問に思うことに, 3つの答えをのせています。どれが正しいのかを考えてから, 説明を読みましょう。
- ▷「もっとくわしく」「なぜだろう」では, 教科書に書いてあることをさらにくわしくし, わかりやすく説明してあります。
- ▷「たいせつポイント」はテストに出やすいたいせつなポイントです。かならずおぼえましょう。

問題

教科書のドリル

テストに出る問題

- たくさんの問題をのせて, 問題練習がじゅうぶんにできるようにしてあります。
- ▷「教科書のドリル」は, 勉強したことを確かめるための問題です。まちがえた所は, もう一度本文を見直しましょう。
- ▷「テストに出る問題」は, 学校のテストなどによく出る問題ばかりです。時間を決めて, テストの形で練習しましょう。

なるほど科学館

- みなさんが興味のあることや, 知っているとためになることをまとめました。
- ▷ 図や写真をたくさんのせて, わかりやすく説明してあります。理科の勉強の楽しさがわかります。

もくじ

2

もくじ

もくじ

1 たねの発芽

☆ 植物のたね（種子）には，葉やくきや根になる部分とそれ以外の部分とがある。

種皮
葉やくきや根になる部分
種皮
子葉
養分をふくんでいる部分
はいにゅう

インゲンマメ
トウモロコシ

☆ たねの中にはでんぷんがふくまれていて，ヨウ素液で青むらさき色になる。

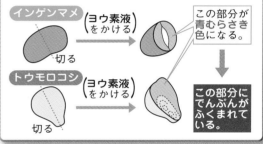

インゲンマメ → （ヨウ素液をかける） → この部分が青むらさき色になる。
切る

トウモロコシ → （ヨウ素液をかける） →
切る

この部分にでんぷんがふくまれている。

☆ たねの発芽には，水，空気，適当な温度が必要である。

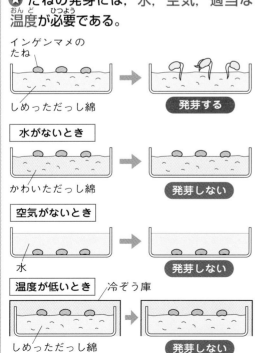

インゲンマメのたね
しめっただっし綿
発芽する

水がないとき
かわいただっし綿
発芽しない

空気がないとき
水
発芽しない

温度が低いとき　冷ぞう庫
しめっただっし綿
発芽しない

☆ 発芽後，インゲンマメの子葉（ふた葉）は，やせて小さくなる。

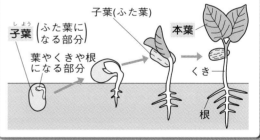

子葉（ふた葉になる部分）
葉やくきや根になる部分
子葉(ふた葉)
本葉
くき
根

☆ たねの中のでんぷんは，発芽や芽ばえの成長のときの養分として使われる。

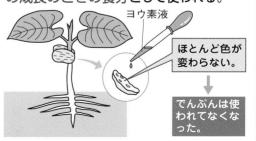

ヨウ素液
ほとんど色が変わらない。
でんぷんは使われてなくなった。

5

たねのつくり

1 考えよう インゲンマメのたねをひとばん水につけておくと，どうなるか。

正しいのは？

Ⓐ たねはちぢんで，かたくなる。

Ⓑ 水につける前と変わらない。

Ⓒ たねはふくらんで，やわらかくなる。

かわいたインゲンマメのたね

ひとばん水につける

水をすったインゲンマメのたね

大きくなるね。

観察 インゲンマメのたねを，ひとばん水の中につけておいて，その変化を調べます。

◯ たねはふくらんでやわらかくなり，水につける前とくらべて，2～3倍の大きさになっています。

◯ たねがこのようになるのは，たねが水をすったからで，たねが水をすうと，やわらかくなります。

◯ トウモロコシのたねを水につけておいても，やはりたねは水をすい，ふくらんでやわらかくなります。

答 Ⓒ

もっとくわしく たね（種子）は，水をすう前はかたく，ねむっています。これをたねの休みんといいます。かたいままでは，たねは芽を出しません。たねが水をすってやわらかくなると，たねはねむりからさめて，芽を出す準備を始めます。

2 考えよう インゲンマメのたねの中には，どんなものが入っているのだろう。

正しいのは？

Ⓐ 葉やくきや根のもとになる部分。

Ⓑ 空気や水。

Ⓒ 緑色をした葉。

インゲンマメのたね

葉やくきや根になる部分

種皮

観察 水をすったインゲンマメのたねの皮をむいて2つにわり，中のようすを調べます。

◯ インゲンマメのたねの中には，左の図のように，小さな葉のような形をした部分と，それ以外の部分があることがわかります。

◯ この小さな葉のような形をした部分は，やがて，葉（本葉）やくきや根に育ちます。それ以外の部分には，養分がふくまれています。

答 Ⓐ

3 考えよう トウモロコシのたね の中には，どんなもの が入っているのだろう。

正しいのは？

A 芽や根のもとになる部分が入っている。

B 緑色の細長い葉が入っている。

C 細長い根が，いっぱい入っている。

観察　水をすったトウモロコシのたねを，ナイフで2つに切って，中のようすを調べます。

⚪ トウモロコシのたねの中は，右の図のように，少し白っぽい部分と，そうでない部分に分かれています。

⚪ この白っぽい部分は，やがて，**葉やくきや根**に育ちます。つまり，トウモロコシのたねの中にも，葉やくきや根のもとになる部分と，それ以外の部分とがあるというわけです。それ以外の部分には，養分がふくまれています。　答 **A**

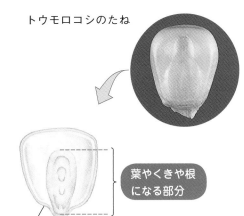

トウモロコシのたね

葉やくきや根になる部分

種皮

4 考えよう はいにゅうとよばれる部分は，どんなたねにもあるのだろうか。

正しいのは？

A インゲンマメにあって，トウモロコシにない。

B インゲンマメになくて，トウモロコシにある。

C インゲンマメにも，トウモロコシにもある。

⚪ たねの各部分には，右のような名前がついています。

⚪ 葉やくきや根になる部分は，インゲンマメでもトウモロコシでも**はい**とよばれる部分にあります。

⚪ 養分をふくんでいる部分は，インゲンマメでは**子葉**といい，トウモロコシでは，**はいにゅう**といいます。

たねの種類	子　葉	はいにゅう
インゲンマメ	厚くて大きい	な　い
トウモロコシ	小さく目立たない	あ　る

⚪ インゲンマメのたねと似たつくりのたねには，ダイズやアサガオがあり，トウモロコシと似たつくりのたねにはイネやカキがあります。　答 **B**

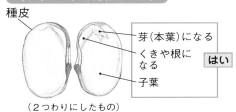

インゲンマメのたねのつくり

種皮

芽（本葉）になる
くきや根になる　　はい
子葉

（2つわりにしたもの）

トウモロコシのたねのつくり

種皮　　はいにゅう　　種皮
芽（くきや葉）になる
根になる
はい

（はばの広い部分の切り口のようす）　（はばのせまい部分の切り口のようす）

たいせつポイント　たね ┃ **葉やくきや根**になる部分
┃ **それ以外の部分**（養分をふくんでいる）

② たねの発芽のようす

1 考えよう　たねが発芽するとき，先に出てくるのは，根，葉のどちらだろう。

正しいのは？

Ⓐ 葉が先に出てくる。

Ⓑ 根が先に出てくる。

Ⓒ 葉も根も同時に出てくる。

インゲンマメの発芽　　トウモロコシの発芽

● インゲンマメやトウモロコシのたねをまくと，やがて芽が出てきます。このように，植物のたねが芽を出すことを発芽といいます。

● 植物のたねが発芽するときは，ふつう，根が先に出て，やがて葉が出てきます。　　**答 Ⓑ**

もっとくわしく　たねが発芽するときに出る芽は，たねの中のはい（葉やくきや根のもとになるもの）が育ち，たねの皮（種皮）をやぶって出てきたものです。

2 考えよう　植物のたねが発芽するためには，水が必要だろうか。

正しいのは？

Ⓐ 水は必要だよ。

Ⓑ 水は必要ない。

Ⓒ どちらともいえない。

たね

かわいただっし綿　　水でしめらせただっし綿

観察　しめっただっし綿にたねをまいたものと，かわいただっし綿にたねをまいたものを用意し，これらをあたたかい所において，発芽のようすを調べます。

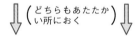

（どちらもあたたかい所におく）

毎日水をあたえる

発芽しない　　発芽する

● しめっただっし綿にまいたたねは，やがて発芽します。しかし，かわいただっし綿にまいたたねは，いつまでたっても発芽しません。

● このことから，植物のたねが発芽するためには，水が必要であることがわかります。　　**答 Ⓐ**

もっとくわしく　ここでは，たねをかわいただっし綿にまくか，しめらせただっし綿にまくかだけを変え，ほかの条件はすべておなじにして観察しています。ほかの条件までちがっていると，得られた結果が，水があるかないかのちがいによるものなのか，ほかの条件のちがいによるものなのかがわからないからです。

3 考えよう 植物のたねが発芽するためには，空気は必要だろうか。

正しいのは？

A 空気は必要ない。

B 空気は必要だよ。

C どちらともいえない。

観察 たねを水の中にしずめ，そのままのものと，エアーポンプで空気を送るものを用意し，あたたかい所において，発芽のようすを調べます。

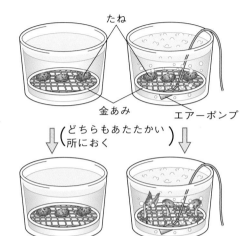

○ 空気を送っているほうのたねは発芽しますが，空気を送っていないほうのたねは発芽しません。

○ 空気を送っていないほうの水には，空気はほとんどありません。このことから，たねの発芽には空気が必要であることがわかります。 **答 B**

もっとくわしく 空気は，ちっ素，酸素，二酸化炭素などからできていますが，たねの発芽に必要なのは，このうちの酸素です。

4 考えよう 温度を低くしても，インゲンマメのたねは発芽するだろうか。

正しいのは？

A 発芽しない。

B 発芽する。

C まいたたねの半分だけ発芽する。

観察 しめっただっし綿にたねをまき，あたたかい所においたものと，冷ぞう庫においたものを用意し，だっし綿がかわかないようにしながら，発芽のようすを調べます。

○ あたたかい所においたほうのたねは発芽しますが，冷ぞう庫においたほうのたねは発芽しません。

○ このことから，たねの発芽には適当な温度が必要であることがわかります。 **答 A**

たいせつポイント 植物の発芽 根が先に出て，それから葉が出る。
発芽には，水・空気・適当な温度が必要。

5 考えよう 発芽のようすは、インゲンマメもトウモロコシも同じだろうか。

正しいのは？

A インゲンマメでは、子葉が地上に出る。
B トウモロコシでは、はいにゅうが地上に出る。
C どんなたねでも、発芽のようすは同じである。

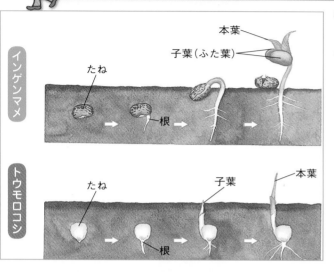

インゲンマメ
本葉
子葉（ふた葉）
たね
根

トウモロコシ
本葉
たね
子葉
根

観察 インゲンマメとトウモロコシとで、発芽のようすをくらべます。

● インゲンマメでは、発芽してしばらくすると、子葉が地上に出ます。子葉は2つにわれて**ふた葉**となり、ふた葉の間から**本葉**が出てきます。
● トウモロコシでは、発芽後もはいにゅうは地中に残ったままです。はいにゅうからのびた1まいの細長い芽（子葉）の間からは、やがて本葉が出てきます。 **答 A**

6 考えよう イネのたねは、どのように発芽するのだろうか。

正しいのは？

A 本葉が先に出て、子葉があとから出る。
B 発芽するときに、はいにゅうが地上に出る。
C はいにゅうが地中に残ったまま発芽する。

イネもトウモロコシも子葉は1まいだよ。

観察 イネの発芽のようすを調べます。

● イネのたねは、トウモロコシと似たつくりをしており、たねの中にはいにゅうがあります。
● イネも、トウモロコシと同じように、発芽後もはいにゅうは地中に残ったままです。そして、はいにゅうからのびた1まいの子葉の間から、本葉が出ます。
● また、イネのたねは、水の中の少しの空気でも発芽します。 **答 C**

イネの発芽のようす

本葉
たね
芽や根が出る
子葉

たいせつポイント 発芽のようす
子葉が出てから、本葉が出る。
トウモロコシのはいにゅうは地中に残る。

3 たねの中の養分

1 考えよう たねが発芽したあと，その大きさには変化があるだろうか。

正しいのは？

A 大きさは変わらない。

B 大きくなる。

C 小さくなる。

観察 発芽前のたねと，発芽して本葉が大きく育ったたねとで，子葉やはいにゅうのようすをくらべます。

● インゲンマメでは，本葉が大きく育つまでに，子葉はどんどんやせて小さくなり，かれてしまいます。

● トウモロコシでは，本葉が大きく育つまでに，はいにゅうは少し小さくなり，やわらかくなります。

● これは，子葉やはいにゅうの中にふくまれているものが，養分として使われたからです。　**答 C**

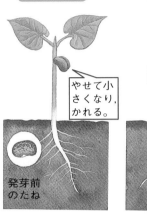

インゲンマメ

やせて小さくなり，かれる。

発芽前のたね

トウモロコシ

ぶよぶよして，やわらかい。

発芽前のたね

2 考えよう たねの大小は，発芽後の育ち方と関係があるのだろうか。

正しいのは？

A たねが小さいほど，発芽後の育ち方は悪い。

B たねが大きいほど，発芽後の育ち方は悪い。

C たねの大小は，育ち方に関係しない。

観察 たねが発芽したばかりのときに，子葉やはいにゅうを半分ほど切りとったものと，切りとらないものとで，芽ばえの育ち方をくらべます。

● 右の写真のように，子葉やはいにゅうを半分ほど切りとったものは，切りとらないものにくらべて，芽ばえの育ち方が悪くなります。

● これは，子葉やはいにゅうを半分ほど切りとったものは，そのぶんだけ，芽ばえの成長に使われる養分が少なくなったためです。

● このことからも，子葉やはいにゅうの中には，たねが発芽したり，芽ばえが成長したりするのに必要な養分がふくまれていることがわかります。　**答 A**

インゲンマメ

トウモロコシ

たねの大きさと育ち方のちがい

③ 考えよう たねの中にふくまれている養分の正体は何だろう。

正しいのは？
A 水
B 空気
C でんぷん

インゲンマメ

トウモロコシ

インゲンマメのでんぷん（約200倍）

トウモロコシのでんぷん（約200倍）

実験 水をすってやわらかくなったたねを半分に切り，切り口にヨウ素液をつけて，色の変わり方を調べます。

○ たねの切り口に，うす茶色をしたヨウ素液をつけると，インゲンマメでは子葉の部分が，トウモロコシでははいにゅうの部分が，青むらさき色に変わります。

○ ヨウ素液は，でんぷんがあると青むらさき色に変わる薬品ですから，子葉やはいにゅうの中には，でんぷんがふくまれていることがわかります。

○ つまり，子葉やはいにゅうの中にふくまれている養分の正体はでんぷんというわけです。 答 C

④ 考えよう 発芽後，たねの中のでんぷんは，どうなっているのだろうか。

正しいのは？
A 発芽前と変わらない。
B 発芽前より減っている。
C 発芽前よりふえている。

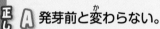
ヨウ素液　　　ヨウ素液

実験 水につけておいた発芽前のたねと，本葉が育ったあとのたねを2つに切り，切り口にヨウ素液をつけて，色の変わり方をくらべます。

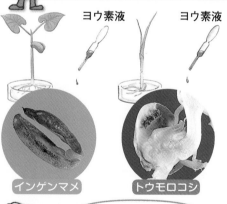
インゲンマメ　　トウモロコシ

○ 発芽前のたねは，インゲンマメでもトウモロコシでも，子葉やはいにゅうの部分は，青むらさき色に変わります。

○ しかし，本葉が育ったあとのたねでは，子葉やはいにゅうの部分は，ほとんど色が変わりません。

○ このことから，子葉やはいにゅう中のでんぷんが発芽や芽ばえの成長の養分として使われ，減っていることがわかります。 答 B

上の写真とくらべてみよう。発芽後は，ヨウ素液をかけても，ほとんど色が変わらないよ。

たいせつポイント たねの中の養分 { でんぷんがふくまれている。
でんぷんは発芽や芽ばえの成長に使われる。

教科書のドリル

答え → 別さつ2ページ

❶ 図はインゲンマメとトウモロコシのたね(種子)のつくりを示したものです。

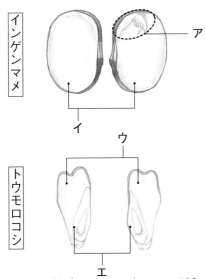

インゲンマメ
ア
イ

トウモロコシ
ウ
エ

(1) 発芽して，本葉やくきや根になる所はどこですか。ア～エから2つ選びなさい。
（　　）（　　）

(2) 養分をふくんでいる所はどこですか。ア～エから2つ選びなさい。
（　　）（　　）

❷ 土にまいたたねから芽が出ました。何の芽ばえかを□に書き，（ ）にあてはまることばを書き入れなさい。

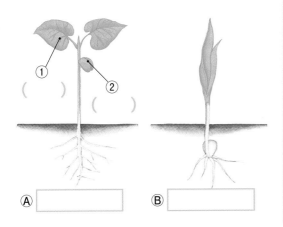

① （　　　　）
② （　　　　）

Ⓐ ［　　　　］
Ⓑ ［　　　　］

❸ インゲンマメのたねの発芽について説明した次の文の中から，正しいものを1つ選びなさい。（　　）

ア インゲンマメのたねは，水がなくても発芽する。

イ インゲンマメのたねは，水の中にしずんだままでも発芽する。

ウ インゲンマメのたねは，水があれば，冷ぞう庫の中でも発芽する。

エ インゲンマメのたねは，水と空気があるあたたかい所で発芽する。

オ インゲンマメのたねは，あたたかい所だと，水や空気がなくても発芽する。

❹ 発芽する前のインゲンマメのたねと，発芽して本葉が出たあとのふた葉を切り，それぞれの切り口にヨウ素液をつけて，色の変わり方を調べました。

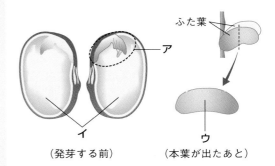

ふた葉
ア
イ
ウ
（発芽する前）　　（本葉が出たあと）

(1) 発芽したあとふた葉になるのは，アとイのどちらですか。（　　）

(2) ヨウ素液は，どんな養分があると青むらさき色に変わりますか。
（　　　　　　）

(3) ヨウ素液をつけるといちばん色が変わるのは，ア～ウのどこですか。（　　）

テストに出る問題

1 インゲンマメとトウモロコシのたねの
つくりについて，あとの問いに答えな
さい。 [合計27点]

右の図1はインゲンマメのたねをたてに
切り，図2はトウモロコシのたねをたてに
切って中を観察したものです。また，図3
はインゲンマメが発芽して成長するよう
すを，図4はトウモロコシが発芽して成長
するようすを表しています。

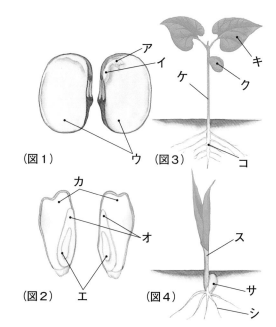

(図1) (図2) (図3) (図4)

(1) 図1のアの部分は，図3のどの部分に
なりますか。キ～コから1つ選んで，記
号で答えなさい。 [5点] 〔 　 〕

(2) 図1のウの部分のはたらきを書きなさ
い。 [6点] 〔 　 〕

(3) 図1のウと同じはたらきをするのは，図2のエ～カのどこですか。1つ選んで記号で
答えなさい。 [6点] 〔 　 〕

(4) 図1のウは，図3のキ～コのどれにあたりますか。1つ選んで記号で答えなさい。
[5点] 〔 　 〕

(5) 図2のオは，図4のサ～スのどれにあたりますか。1つ選んで記号で答えなさい。
[5点] 〔 　 〕

2 インゲンマメのたねの発芽について調
べるため，右のア，イのような条件で，
たねをあたたかい所におきました。すると，
イのたねは発芽しましたが，アのたねは発
芽しませんでした。次の問いに答えなさい。
[合計22点]

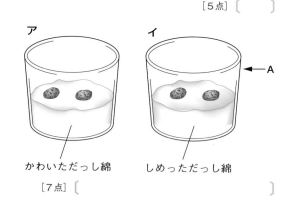

かわいただっし綿　　しめっただっし綿

(1) アのインゲンマメが発芽しなかったの
はどうしてですか。 [7点] 〔 　 〕

(2) イの水の量をふやしてAの高さまで水がくるようにして，たねを水にしずめ，たねが発芽
するかどうかを調べました。このとき，たねは発芽しますか。 [5点] 〔 　 〕

(3) アとイの条件のまま，冷ぞう庫に入れて，たねが発芽するかどうかを調べました。ただし，
イは，だっし綿がかわかないように，ときどき少しずつ水を加えました。このとき，アと
イのたねは，それぞれ発芽しますか。 [各5点] ア〔 　 〕 イ〔 　 〕

3 右の図のように，発芽したばかりのインゲンマメのふた葉の先のほうを切りとりました。その後の育ち方はどうなりますか。次のア～オの中から正しいものを2つ選び，記号で答えなさい。 ［5点ずつ…合計10点］〔 　〕〔 　〕

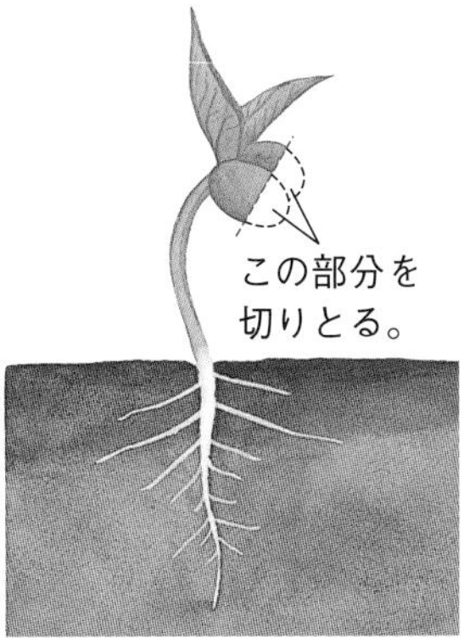

この部分を切りとる。

ア　本葉で新しい養分がつくられるので，育ち方は悪くならない。

イ　発芽してすぐは，ふた葉にふくまれる養分も成長に使われるので，育ち方は悪くなる。

ウ　根は，いためられていないので，養分をすう量はへらないから，育ち方は悪くならない。

エ　発芽してしばらくは，養分をつくるはたらきが弱いので，ふた葉の養分が少なくなると，育ち方は悪くなる。

オ　根も本葉もいためられていないから，育ち方は悪くならない。

4 インゲンマメのたねについて，次の問いに答えなさい。 ［5点ずつ…合計15点］

(1) インゲンマメのたねにたくわえられている養分は，おもに何ですか。その名前を書きなさい。 〔 　〕

(2) (1)の養分があるかないかを調べるために使う薬品は，下のア～エのうちどれですか。1つ選んで記号で答えなさい。 〔 　〕
　　ア　石かい水　　　イ　アルコール　　　ウ　ヨウ素液　　　エ　せっけん水

(3) (1)の養分があると，(2)で選んだ薬品の色はどのように変わりますか。下のア～エから正しいものを1つ選んで，記号で答えなさい。 〔 　〕
　　ア　うす茶色から黒色　　　イ　無色から青むらさき色　　　ウ　無色から緑色
　　エ　うす茶色から青むらさき色

5 子葉にふくまれているでんぷんが，発芽・成長にどのように使われるかを調べる実験をしました。これについて，次の問いに答えなさい。 ［合計26点］

(1) 本葉が大きく育ったインゲンマメの子葉を2つに切り，切り口にヨウ素液をつけると，どうなりますか。 ［8点］〔 　〕

(2) なぜ，このような結果になるのですか。かんたんに書きなさい。
　　　　　　　　　　　　　　　　　　　　　　　［8点］〔 　〕

(3) この実験から，子葉にふくまれているでんぷんと，発芽・成長の関係について，どんなことがわかりますか。かんたんに書きなさい ［10点］〔 　〕

子葉の数と植物

▷ インゲンマメやトウモロコシの発芽に見られるように，たねが発芽するときには，本葉が出る前に子葉が出ます。

▷ 子葉の数は植物の種類によって決まっています。子葉が1まい出るものには，イネ，ムギ，トウモロコシなどがあり，これらは単子葉植物（「単」は1つという意味）といわれます。

▷ また，子葉が2まい出るものには，インゲンマメ，アサガオ，ヘチマ，カキ，アブラナなどがあり，これらは双子葉植物（「双」は2つという意味）といわれます。

▷ 子葉の数は1まいか2まいの植物が多いのですが，マツでは6～12まいもあります。このような植物は多子葉植物といわれます。

マツの芽ばえ

大昔のたねが発芽した!!

▷ たねを見ると，死んだようにじっとしています。しかし，本当はねむっているだけで，まわりの条件が発芽によくなるのを待っているのです。つまり，休みんしているのです。

▷ ところで，大昔のハスの研究で有名な大賀一郎博士は，1951年に，千葉県で2000年前のハスのたねを発見しました。博士がこれを持ち帰り，種皮をけずって水につけておくと，みごとに発芽し，やがてきれいな花をさかせました。

▷ ふつう，植物のたねは，2～3年で発芽する力をなくしますが，このハスのたねは2000年も生き続けてきたわけです。このハスは大賀ハスと名づけられ，いまでも，その子孫が全国各地で生き続けています。

大賀ハス

2 植物の成長

教科書の
まとめ

☆ 植物をじょうぶに育てるには，日光が必要である。

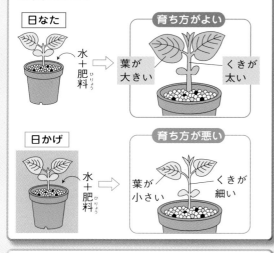

日なた

水＋肥料 → 育ち方がよい
葉が大きい　くきが太い

日かげ

水＋肥料 → 育ち方が悪い
葉が小さい　くきが細い

☆ 植物の成長には，水・日光・肥料などが必要である。

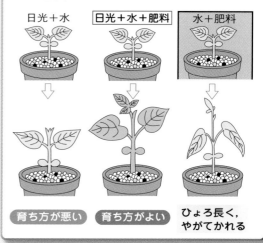

日光＋水　　日光＋水＋肥料　　水＋肥料

育ち方が悪い　育ち方がよい　ひょろ長く，やがてかれる

☆ 植物をじょうぶに育てるには，適当な肥料が必要である。

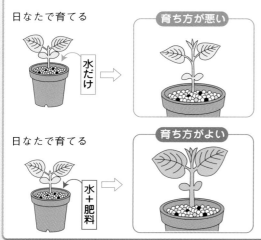

日なたで育てる

水だけ → 育ち方が悪い

日なたで育てる

水＋肥料 → 育ち方がよい

☆ ウキクサは，日光に当て，肥料を適度にあたえると，よく育つ。

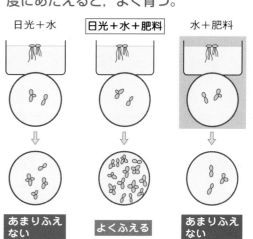

日光＋水　　日光＋水＋肥料　　水＋肥料

あまりふえない　よくふえる　あまりふえない

1 植物の育ち方と日光

1 考えよう 植物の育ち方と日光との関係は, どのようにして調べたらよいか。

正しいのは?

Ⓐ 日なたや日かげで育った植物を用意する。

Ⓑ 調べている間, 日光を当てっぱなしにする。

Ⓒ 日光に当てたものと当てないものをくらべる。

育ち方と日光の関係を調べるときは, 日光の当たり方だけを変えるんだよ。

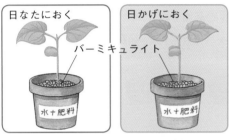
植物の育ち方と日光の関係を調べる

○ 日当りのよい花だんに植えたヒマワリやヘチマは, よく育っています。しかし, 日当りの悪い場所に植えたものは, 育ち方がよくありません。

○ このことから, 植物の育ち方は, 日光の当たり方に関係することが考えられます。では, このことを調べてみましょう。調べるときには, 次の点に注意します。

○ 植物の育ち方と日光の関係の調べ方

① 同じくらいの大きさに育ったなえを2つ用意する。

② 水と肥料は, どちらにも同じようにあたえる。

③ 一方は日なたにおき, もう一方は日かげにおく。

答 Ⓒ

2 考えよう 日光の当たり方が悪いと, インゲンマメの育ち方はどうなるか。

正しいのは?

Ⓐ 日光の当たり方が悪いと, 育ち方も悪い。

Ⓑ 日光の当たり方がよいものと同じように育つ。

Ⓒ インゲンマメは育たない。

日なたで育てたインゲンマメ

日かげで育てたインゲンマメ

観察 日なたで育てたインゲンマメと, 日かげで育てたインゲンマメとで, 葉の大きさや色, くきの太さなどをくらべてみましょう。

○ 日なたで育てたインゲンマメは, 葉が大きくて緑色がこく, くきは太くて, 全体にがっしりしています。

○ 日かげで育てたインゲンマメは, 葉が小さくて緑色がうすく, くきは細くて, 見るからにひ弱そうです。

○ このことから, インゲンマメは, 日光があまり当たらなくても育つことがわかります。しかし, じょうぶに育てるためには, やはり, 日光は欠かすことができないものだということもわかります。

答 Ⓐ

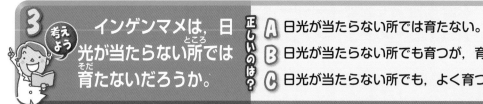

3 考えよう インゲンマメは, 日光が当たらない所では育たないだろうか。

正しいのは？

Ⓐ 日光が当たらない所では育たない。

Ⓑ 日光が当たらない所でも育つが, 育ちは悪い。

Ⓒ 日光が当たらない所でも, よく育つ。

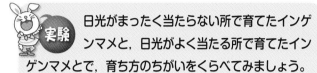

実験 日光がまったく当たらない所で育てたインゲンマメと, 日光がよく当たる所で育てたインゲンマメとで, 育ち方のちがいをくらべてみましょう。

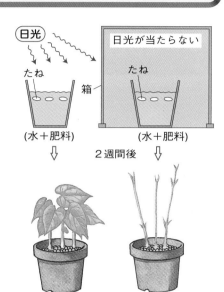

● 右の図で, たねは, どちらも発芽します。つまり, たねの発芽には, 日光は必要でない ことがわかります。

● しかし, 発芽後の育ち方を見ると, 日光に当てなかったものは, ひょろひょろと長くのび, 葉も小さくて, こい緑色にならないことがわかります。

● このことからも, インゲンマメは, 日光はなくても育ちますが, じょうぶに育てるためには, やはり, 日光が必要 だということがわかります。 答 Ⓑ

4 考えよう ほかの植物でも, 日光に当たったほうがよく育つのだろうか。

正しいのは？

Ⓐ 日光によく当たった植物ほど, 育ち方はよい。

Ⓑ 日光によく当たった植物ほど, 育ち方は悪い。

Ⓒ 日光の当たり方に関係なく, 植物はよく育つ。

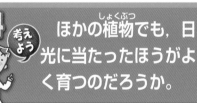

● ふつう, 発芽後の植物は, 日光のよく当たる所で育てたもののほうが, よく成長します。

● 右の写真は, ホウセンカの育ち方をくらべたものですが, これを見ると, 日光が当たったもののほうが, よく育っていることがわかります。 答 Ⓐ

日光の当たり方	葉	緑色	くき
日光によく当てたもの	大きい	こい	太い
日光にあまり当てないもの	小さい	うすい	細い

日なたで育てたホウセンカ

日かげで育てたホウセンカ

たいせつポイント 植物と日光 { 日なたの植物…葉が大きく緑色がこい。くきが太い。 植物をじょうぶに育てるためには日光が必要。

② 植物の育ち方と肥料

① 考えよう 植物の育ち方と肥料との関係は，どのようにして調べたらよいか。

正しいのは？

A 肥料をあたえなかったものどうしでくらべる。

B 肥料をあたえたものとあたえないものでくらべる。

C 肥料をあたえたものどうしでくらべる。

じょうぶに育ったヒマワリ

育ち方と肥料の関係を調べるときには，肥料のあたえ方だけを変えればいいんだ。

● 日当たりのよい花だんで育っているヒマワリやヘチマは肥料をあたえると，よく育ちます。

● このことから，植物の育ち方には，日光の当たり方のほか，肥料のあたえ方も関係しているのではないかと考えられます。では，植物の育ち方と肥料の関係を，次の点に注意して調べてみましょう。

● 植物の育ち方と肥料の関係の調べ方

① 同じくらいの大きさに育ったなえを2つ用意する。

② どちらも日光がよく当たる所におく。

③ 一方には肥料を加えた水を，もう一方には水だけを同じ量ずつあたえる。　　**答 B**

② 考えよう インゲンマメは，肥料がなくても，じょうぶに育つだろうか。

正しいのは？

A 肥料がないと，かれてしまう。

B 肥料がなくても，育ち方は変わらない。

C 肥料がないと，育ち方が悪くなる。

バーミキュライト

肥料+水

バーミキュライト

水だけ

実験 同じくらいに育っているインゲンマメのなえを2本用意し，肥料分のないバーミキュライトに植えます。そして，一方には肥料を加えた水を，もう一方には水だけを同じ量あたえて，日光がよく当たる所で，育ち方をくらべましょう。

育ちがよい

育ちが悪い

● 左の写真からわかるように，肥料をあたえたほうは，葉が大きく，くきも太く，じょうぶに育っています。

● このことから，植物がじょうぶに育っていくためには，日光のほか，肥料が必要であることがわかります。　　**答 C**

3 **考えよう** 日光・肥料と，カボチャの育ち方とは関係があるのだろうか。

正しいのは？

Ⓐ 日光がよく当たり，肥料があるとよく育つ。

Ⓑ 日光に当てると，肥料がなくてもよく育つ。

Ⓒ 日光に当てなくても，肥料があるとよく育つ。

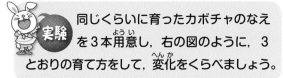

実験 同じくらいに育ったカボチャのなえを3本用意し，右の図のように，3とおりの育て方をして，変化をくらべましょう。

⬤ 実験をはじめてから1週間後の変化を見ると，肥料をあたえ，日光によく当てたなえが，いちばんじょうぶに育っています。

⬤ また，肥料をあたえても，日光に当てないなえは，ひょろひょろしています。

⬤ このことから，カボチャの育ち方にも，日光・肥料が大きく関係している ことがわかります。 **答** Ⓐ

4 **考えよう** 植物がじょうぶに育つには，どんな条件がそろっていればよいか。

正しいのは？

Ⓐ 水があればよい。

Ⓑ 水と肥料があればよい。

Ⓒ 水・肥料・日光などが必要である。

⬤ 上の実験では，カボチャは，日光・肥料・水などの条件がそろっているとき，大きくじょうぶに育つことがわかりました。

⬤ ほかの植物についても，植物がじょうぶに育つためには，日光・肥料・水などの条件がそろっていることが必要です。 **答** Ⓒ

もっとくわしく 植物の成長には肥料が必要だからといっても，肥料をあたえすぎてはいけません。植物には，それぞれ必要な肥料の量があって，肥料が不足すると育ち方が悪いのと同じように，肥料があまり多すぎると，かれてしまいます。

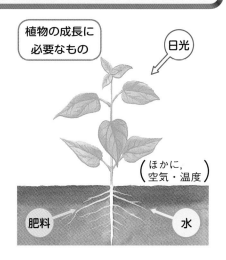

植物の成長に必要なもの

日光

(ほかに，空気・温度)

肥料　　水

たいせつポイント 植物と肥料 { 肥料をあたえた植物は，葉が大きく，くきが太い。植物をじょうぶに育てるためには肥料が必要。

5 考えよう ウキクサの育ち方と，日光や肥料とは関係があるのだろうか。

正しいのは？

A 肥料がなくても，日光に当てるとよく育つ。

B 日光に当てなくても，肥料があるとよく育つ。

C 肥料があって，日光に当てるとよく育つ。

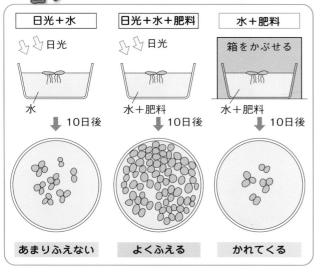

実験 春の終わりころ，田や池の水面にウキクサがういていることがあります。ウキクサは，緑色の小さな葉のような植物ですが，ウキクサの成長に，日光や肥料がどのように関係しているのか調べてみましょう。

● 左の実験では，日光が当たって肥料があるものは，よく育ってウキクサの数がふえています。しかし，日光が当たっても肥料がないものは育ち方が悪く，ウキクサの数もあまりふえていません。また，肥料があっても，日光が当たらないものは，ウキクサがだんだんかれてきます。

● このことから，ウキクサの成長には，日光や肥料などが必要であることがわかります。 **答 C**

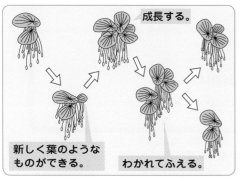

ウキクサのふえ方

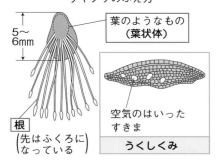

ウキクサのからだのつくり

もっとくわしく ウキクサのふえ方…ウキクサは，ふつう，葉のようなからだ（葉状体といいます）のうら側の根の近くに新しい小さなからだをつくり，それが，大きく成長して，もとのウキクサからわかれ，その数をふやしていきます。なお，ウキクサは，夏のころになると小さな白い花をつけ，たねをつくってふえることもあります。しかし，花がさくのはごくまれです。

なぜだろう？ ウキクサを水にしずめても，すぐうかんできます。これは，なぜでしょう。

答 ウキクサのからだは，平らなたまご形をしていて，中に空気の入ったすきまがあります。水にしずめてもうかびあがるのは，このすきまがうきぶくろの役目をしているからです。また，からだの下には10本以上の根があり，おもりの役目をしているので，水面がゆれ動いても，うら返しになることはありません。

たいせつポイント ウキクサの成長 { 日光と肥料が必要。 / 日光と肥料があると，数がふえる。

22 2 植物の成長

教科書のドリル

答え → 別さつ3ページ

1 植物のたねは，適当な温度のとき，水と空気があれば発芽します。たねが発芽して，じょうぶに育っていくためには，このほかにどのような条件が必要だと考えられますか。2つ答えなさい。

（　　　　　）（　　　　　）

2 下の図は，日光を当てて育てたインゲンマメと，箱をかぶせて日光をまったく当てないで育てたインゲンマメをスケッチしたものです。あとの問いに答えなさい。

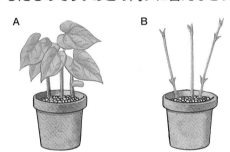

（どちらも，肥料を入れた水をときどきあたえる）

(1) 日光をまったく当てないで育てたインゲンマメは，A，Bのどちらですか。

（　　　　　）

(2) 上の図をもとに，下の表の空らんに当てはまることばを，それぞれあとのア〜クから選び，その記号を書き入れなさい。

日光の当たり方	葉	緑色	くき	せたけ
日光によく当てたもの				
日光にまったく当てないもの				

ア　大きい　　　イ　小さい
ウ　高い　　　　エ　低い
オ　細い　　　　カ　太い
キ　こい　　　　ク　うすい

3 同じくらいに育ったインゲンマメのなえを2つのはちに植え，日当たりのよい所で，下の図のような条件で育てました。このときの結果として正しいものを，あとのア〜エから選びなさい。

（　　　　　）

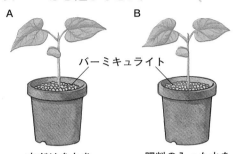

バーミキュライト

水だけをときどきあたえる

肥料の入った水をときどきあたえる

ア　Aのほうがじょうぶに育つ。
イ　Bのほうがじょうぶに育つ。
ウ　どちらも同じようにじょうぶに育つ。
エ　どちらも育ちが悪い。

4 次の①〜③の条件で，ウキクサの育ち方のちがいを調べました。あとの問いに答えなさい。

① 水と肥料をじゅうぶんにあたえ，日光によく当てる。
② 水と肥料はじゅうぶんにあたえるが，箱をかぶせて日光に当てない。
③ 水には何も入れず，日光によく当てる。

(1) ウキクサが育つために肥料が必要かどうかを調べるには，どれとどれをくらべるとよいですか。

（　　　と　　　）

(2) ①と②の結果を，それぞれ次から選びなさい。　　　①（　　　）②（　　　）

ア　だんだんかれてくる。
イ　育ちが悪く，あまりふえない。
ウ　よくふえる。

テストに出る問題

1 同じくらいに育ったインゲンマメのなえを3つのはちに植え，右の図のように，育てる条件をいろいろ変えて実験をしました。次の問いに答えなさい。

[合計44点]

A　日光　　　　B　日光　　　　C　箱をかぶせる

水だけ　　　　水＋肥料　　　　水＋肥料

(1) 日光の当たり方による育ち方のちがいを調べるには，どのはちとどのはちをくらべればよいですか。A～Cから2つ選び，記号で答えなさい。　　[7点]〔　　と　　〕

(2) 肥料のあたえ方による育ち方のちがいを調べるには，どのはちとどのはちをくらべればよいですか。A～Cから2つ選び，記号で答えなさい。　　[7点]〔　　と　　〕

(3) 最もじょうぶに育つのは，どのはちに植えたインゲンマメですか。A～Cから1つ選び，記号で答えなさい。　　[5点]〔　　　〕

(4) (3)のはちに植えられたインゲンマメは，どのように育ちますか。次の文の〔　〕に当てはまることばを，あとのア～カから選び，記号で答えなさい。
　　葉の大きさは①〔　　　　〕，くきの太さは②〔　　　　〕，葉やくきの緑色は③〔　　　　〕なっています。　　[各5点] ①〔　　〕 ②〔　　〕 ③〔　　〕
　　ア　大きく　　イ　小さく　　ウ　細く　　エ　太く　　オ　こく　　カ　うすく

(5) この実験の結果から，インゲンマメがじょうぶに育つためには，どのような条件が必要だということがわかりますか。次のア～オから2つ選び，記号で答えなさい。
　　　　　　　　　　　　　　　　　　　　[各5点]〔　　　〕〔　　　〕
　　ア　水　　イ　日光　　ウ　空気　　エ　肥料　　オ　適当な温度

2 右の図は，植物の成長に必要なものを表したものです。次の問いに答えなさい。　　[合計19点]

(1) 図のA，Bにあたるものは何ですか。
　　　　　　　　[各7点] A〔　　　　〕 B〔　　　　〕

(2) 植物にあたえる肥料の説明として正しいものを，次のア～ウの中から1つ選び，記号で答えなさい。
　　　　　　　　　　　　　　[5点]〔　　　〕
　　ア　少しだけあたえればよい。
　　イ　それぞれの植物に適した量をあたえる。
　　ウ　あたえる量は，多ければ多いほどよい。

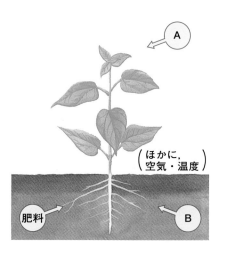

ほかに，空気・温度

肥料　　　　B

3 右の写真は，肥料をあたえたカボチャと，肥料をあたえなかったカボチャとで，育ち方のちがいをくらべたものです。次の問いに答えなさい。
[合計23点]

(1) 肥料をあたえたカボチャは，AとBのどちらですか。 [5点] 〔　　　　　〕

(2) 実験をはじめるとき，はちに入れる土として花だんの土や野山の土などは使わずに，バーミキュライトなどを使います。花だんの土や野山の土が，この実験に使う土として適していないのはなぜですか。かんたんに説明しなさい。 [8点] 〔　　　　　　　　　　　　　　　　　〕

(3) 次のア～クの文は，実験をおこなう方法を書いたものです。正しい文はどれですか。2つ選び，記号で答えなさい。 [各5点] 〔　　　　〕〔　　　　〕

ア　Aのはちは日かげに，Bのはちは日なたにおく。

イ　Aのはちは日なたに，Bのはちは日かげにおく。

ウ　どちらのはちも，日なたにおく。

エ　どちらのはちも，日かげにおく。

オ　どちらのはちにも，毎日欠かさず水をやる。

カ　どちらのはちにも，水をやらない。

キ　Aのはちには毎日欠かさず水をやり，Bのはちには水をやらない。

ク　Aのはちには水をやらず，Bのはちには毎日欠かさず水をやる。

4 ウキクサのふえ方が，肥料のあたえ方，日光の当たり方によってどのように変わるのかを調べるため，次のような実験をしました。あとの問いに答えなさい。
[合計14点]

〔実験〕A，B，Cのビーカーに，大きさのそろったウキクサを同じ数だけ入れます。肥料のあたえ方と日光の当たり方を右の図のようにして，10日後のウキクサのようすを観察しました。

(1) ウキクサのふえ方と日光との関係を調べるためには，どれとどれをくらべればよいですか。A～Cから2つ選び，記号で答えなさい。 [6点] 〔　　　　と　　　　〕

(2) 右の図は，ウキクサが育つようすを表したものです。ア～エを育っていく順にならべなさい。

[8点] 〔　　→　　→　　→　　〕

木の成長と年輪

▷ 木を切ると，その切り口に輪のようなものが何重にもなって見られます。これを年輪といいます。

▷ 年輪は，木が成長したあとで，年輪の数は木の年れいを表しています。

▷ 年輪のようすをよく見ると，年輪の中心は，切り口のまん中から少しずれた所にあり，年輪のはばが広い所とせまい所があります。

▷ これは，木の成長のちがいによるもので，木がはえていた土地のかたむきによって決まります。土地が少しでもかたむいていると，木は自分の体重をささえるためにかたほうを成長させるのです。

▷ かたむいている土地のどちら側が広くなるかは木の種類によってちがっており，マツやスギは下側が広く，カシやシイは上側が広くなります。

森や林の肥料はどこから？

▷ 植物を育てるときは，肥料をあたえます。肥料には，植物が育つのに必要な養分がふくまれており，土にまくと水にとけます。植物は，水といっしょに，水にとけた肥料を根からすい上げ，成長するための養分として使います。

▷ ところで，森や林，野原の植物は，特に肥料をあたえていないのに，じょうぶに育っています。これは，森や林，野原の土に，植物の成長に必要な肥料がふくまれているからです。

▷ では，この肥料はどこからきたのでしょうか。実は，これらの土の中にふくまれている肥料は，植物のかれたものや，動物のふん・死がいなどがくさってできたものなのです。自然の中では，肥料はリサイクルされているのです。

3 天気の変化（1）

教科書の
まとめ

☆ 春のころの日本ふきんの雲は，西から東へと動いていく。

雲は西→東
へと動く。

1日後

雲

☆ 梅雨（ばいう）のときの雲は東西にのびる帯状（おびじょう）の雲で，あまり動かない。

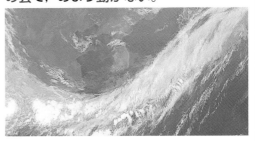

☆ 春のころの日本ふきんの天気は，雲が動くにつれて西から東へと移（うつ）る。

晴れ

天気も西→東
へと移る。

1日後

雨

晴れ

雨

☆ 乱層雲（らんそううん）は雨雲ともよばれ，この雲が発生するとまもなく雨や雪がふり出す。

☆ 晴れとくもりは空に見られる雲の量（りょう）で決められている。

▲晴れ（雲量0〜8）　　▲くもり（雲量9〜10）

☆ 積乱雲（せきらんうん）（入道雲（にゅうどうぐも））が発生すると，かみなりをともなったはげしい雨がふることが多い。

1 天気の変化の予想

1 考えよう 春には，日本ふきんの雲は，どのような動き方をするのだろうか。

正しいのは？
A 西から東へ動いている。
B 東から西へ動いている。
C 南から北へ動いている。

観察 テレビや新聞やインターネットを使って，雲の写真を集め，雲が動くようすを調べます。

● テレビや新聞やインターネットの雲の写真は，どれも人工衛星から送られてきたものです。

● 左のような雲の連続写真を見ると，春のころには，日本ふきんの空にある雲は，西から東へ動いているのがわかります。 答 A

● なお，インターネットで雲の写真を集めるときは，次のホームページを利用するとよいでしょう。

〔日本気象協会(tenki.jp)，気象庁〕

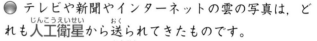

もっとくわしく 雲が西から東へ動くわけ…日本ふきんの上空には，1年中強い西風（へん西風）がふいているため，雲は西から東へ動くのです。

雲が動く速さ…雲が動く速さは，1日あたり500km～1000kmです。福岡・大阪間が約500km，福岡・東京間が約1000kmですから，雲は1日で，福岡から大阪や東京まで移動することになります。

雲があるのに天気は**晴れ**といったり，雲と雲の間に青空が見えるのに天気は**くもり**といったりします。晴れとくもりは，どのようにして見分けるのでしょうか。

晴れとくもりの見分け方

● 晴れとくもりは，空に見られる雲の量で決められています。

● 雨や雪などがふっていないとき，空全体に雲がまったくないときを雲量0とし，空全体に雲があるときを雲量10として，雲量0～8のときを晴れ，雲量9～10のときをくもりとします。

● 晴れは，さらに，快晴（雲量0～1）と晴れ（雲量2～8）に分けられます。

晴れ（快晴）　　晴れ　　くもり

2 考えよう 雨のふる地いきは、時間がたつとどの方向へ移るだろうか。

正しいのは？
A 東から西へ移っていく。
B 西から東へ移っていく。
C 時間がたっても変わらない

○ 雲が動くにつれて、雨のふっている地いきも、ふつう西から東へと移っていきます。

○ 下のような、テレビやインターネットの雨の情報を見ていると、雨のふっている地いきの移り変わるようすがわかります。九州で雨がふりはじめ、時間がたつとともに雨のふっている地いきは、九州→大阪→東京へと、西から東へ移っています。 **答 B**

雨をふらせる雲が動くのにつれて、雨のふる地いきも西から東へ移るんだ。

大阪 10日 22時～23時 弱 強 東京 雨のふっている地いき

大阪 11日 10時～11時 弱 強 東京

大阪 11日 22時～23時 弱 強 東京

3 考えよう 右下のような雲の写真から、明日の東京の天気を予想すると？

正しいのは？
A 明日は、くもりから雨になるだろう。
B 明日もよく晴れるだろう。
C 明日は、にわか雨はふるけど晴れるだろう。

○ 日本の天気は、西から東へと移っていきます。ですから、次の日の天気を予想するときには、住んでいる地いきの西のほうの雲や雨のようすに注意します。

○ 右の雲の写真を見ると、四国から西にかけて大きな雲があり、福岡では雨がふっています。東京は雲がなく晴れていますが、九州にある雲が、これから東へと移っていくので、東京の天気はしだいに悪くなり、明日はくもりから雨になると予想されます。 **答 A**

たいせつポイント 日本ふきんの雲の動き
日本ふきんの天気の変化 } 西から東へと移っていく。

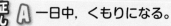

4 考えよう 夕焼けが見られた次の日の天気はどうなるだろうか。

正しいのは？

A 一日中，くもりになる。

B 雨になる。

C 晴れる。

夕焼け

富士山にかかるかさ雲

○ 天気の言い習わしは，昔の人の観察と経験がもとになっていてよく当たり，現代でも，これを利用して，天気の予想をすることができます。

○ たとえば，「夕焼けの次の日は晴れる」というのがあります。これは，夕やけが見られるということは，西の空が晴れているしょうこで，天気は西から東へ移ることから，次の日はきっと晴れるというものです。

○ このほかに，次のような言い習わしがあります。

「ツバメが低く飛ぶと雨になる」

「山にかさ雲がかかると雨になる」

「太陽にかさがかかると雨になる」

答

---

5 考えよう 梅雨のときの雲は，どのようになっているのだろうか。

正しいのは？

A 春のころと同じで，西から東へ動いている。

B 南北にのびる帯状の雲で，あまり動かない。

C 東西にのびる帯状の雲で，あまり動かない。

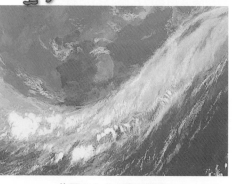

梅雨のときの雲の写真

○ 春から夏にかけて，日本の天気は，次のように変化します。

① 春の天気　天気は不安定で，3〜4日ごとに，晴れの日と雨の日がくり返されます。

② 梅雨（つゆ）　左の写真のような，東西にのびる帯状の雲があまり動かずに何日もじっとしているため，天気の悪い日が続きます。

③ 夏の天気　梅雨が明けると，天気は安定し，むし暑い日が続きます。晴れた日の午後には，夕立やかみなりが多くなります。

答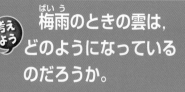

たいせつポイント

日本の天気 { 春…3〜4日ごとに天気が変わる。
梅雨…天気の悪い日が続く。

2 雲と天気の変化

1 考えよう 暗いはい色の厚い雲が全天をおおうと，天気はどうなるだろうか。

正しいのは？

A まもなく雨か雪になる。

B だんだん晴れてくる。

C くもりのままの状態がつづく。

○ 雲の種類やその広がり方によっても，天気の変化が予想できることがあります。

○ 暗いはい色の厚い雲とは，乱層雲のことを表しています。

○ 乱層雲は，高度3000m以下の所に発生します。乱層雲は雨雲ともよばれ，この雲が発生すると，まもなく雨や雪がふります。

答 **A**

そのほかのいろいろな雲と天気

▽巻雲　はけではいたように見える白い雲。すじ雲。このあと弱い雨がふることがある。

▽巻層雲　白いベール状の雲。太陽や月のかさをつくることもある。うす雲。

▽巻積雲　丸みのある小さい雲のかたまりが集まっているもの。うろこ雲。次の日に雨がふることが多い。

▽高積雲　丸みのある大きい雲のかたまりが集まっているもの。まもなくくもりになってその後弱い雨がふり出す。ひつじ雲。

2 考えよう 山のようなくもが現れて雷雨になった。この雲は何だろうか。

正しいのは？

A 乱層雲(雨雲)
B 高層雲(おぼろ雲)
C 積乱雲(入道雲)

⚫ 山やとうのように見えるどっしりした大きな雲を積乱雲(入道雲，かみなり雲)といいます。

⚫ 積乱雲はかなり上空までのびていて，10000mをこえる高さまで達していることもあります。

⚫ 積乱雲が発生すると，かみなりをともなったはげしい夕立がふる ことが多い。

答 **C**

 たいせつポイント

積乱雲 { 山やとうのように見える大きな雲。
まもなく雷雨になりやすい。

▽ **高層雲** 灰色や灰青色の厚いベール状の雲。雨の前に現れることが多い。おぼろ雲。

▽ **層雲** 灰色をしたきりのように見える雲。雲の底は地面からはなれている。きり雲。

▽ **積雲** もり上がったドーム状の雲。雲の底は水平。わた雲。

▽ **層積雲** かたまりや板状の雲が，重なったり，はなれたりしている。うね雲。

❶ 次の文の（　）にあてはまることばを書きなさい。

(1) 春のころ，日本ふきんの空にある雲は，①（　　　　）から②（　　　　）へ動いていくことが多い。これは，日本ふきんの上空で，1年中強い西風がふいているためである。これより，春のころの日本の天気は，③（　　　　）から④（　　　　）へ移っていくといえる。

(2) 雨や雪などがふっていないとき，雲量8のときの天気は⑤（　　　　）である。

(3) 天気についての言い習わしで，「夕焼けの次の日は⑥（　　　　）」と言われている。

❷ 下の写真は，6月ごろに人工衛星によってさつえいされたものです。あとの問いに答えなさい。

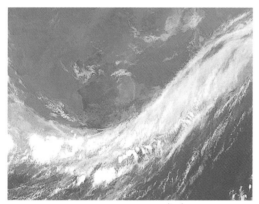

(1) このような雲ができる時期を何といいますか。　　　　（　　　　）

(2) この時期の日本の天気のようすとして正しいものを，次のア～ウから選びなさい。
（　　　　）

　ア　晴れの日と雨の日がくり返される。
　イ　くもりや雨の日が続く。
　ウ　むし暑い晴れた日が続く。

❸ 次の文章を読んで，あとの問いに答えなさい。

　天気のことわざは，空のようす，雲の形，風のふき方，動物の行動などから天気の予測をしたもので，昔から日本の各地で伝えられている。

　ある日，空を見上げると，写真のような雲でかすんだ太陽が見えたので，この雲に関することわざについて調べたところ，「月や太陽がかさをかぶると雨がふる」ということわざを見つけた。写真の雲は白い層状で，うす雲ともいわれる。

(1) この雲の名前を，次のア～オから1つ選び，記号で答えなさい。
（　　　　）

　ア　積雲　　イ　積乱雲　　ウ　高層雲
　エ　巻層雲　　オ　乱層雲

(2) 天気は，空全体をどれくらいの雲がおおっているかをあらわす雲量で決める。雲量6のときの天気を，次のア～ウから1つ選び，記号で答えなさい。

（　　　　）

　ア　快晴　　イ　晴れ　　ウ　くもり

(3) 写真のような雲のあと，全天が暗いはい色の雲でおおわれ，まもなくこの雲による雨がふり出した。この雲の名前を，(1)のア～オから1つ選び，記号で答えなさい。
（　　　　）

答え → 別さつ4ページ

時間**30分**　合格点**80点**

得点　／100

1 次の①～③は，ある年の春の連続した3日間の同じ時こくに，人工衛星によってさつえいされた画像です。これについて，次の問いに答えなさい。ただし，①～③は，日づけの順にならんでいません。

［合計28点］

①
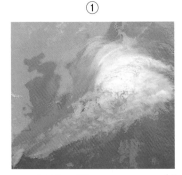

②
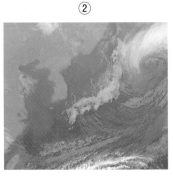

③

(1) 写真に写っている白い物は何ですか。　　　　　　　　　　　［8点］〔　　　　　　〕

(2) ①～③を，日づけの順にならべ変えなさい。　　　［12点］〔　　→　　→　　〕

(3) 上の3日間の次の日の同じ時こくに，東京の天気はどのようになっていると考えられますか。次のア～ウから選び，記号で答えなさい。　　　　　　　　　　　　　［8点］〔　　　　　〕

　ア　晴れまたは快晴　　　イ　くもりまたは雨　　　ウ　雨または雪

2 下の図1は，ある日の東京で見られた空全体のようすをスケッチしたもので，図2は，富士山にかさ雲がかかっている写真です。次の問いに答えなさい。　［8点ずつ…合計24点］

図1

青空　雲
雲
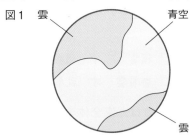

図2

(1) 図1をスケッチしたとき，雨や雪などはふっていませんでした。このスケッチをしたときの東京での天気を答えなさい。　　　　　　　　　　　　　　　　　　　〔　　　　　　〕

(2) 図2のように，富士山などの山にかさ雲がかかると，どのような天気になると言われていますか。　　　　　　　　　　　　　　　　　　　　　　　　　　　　　　〔　　　　　　〕

(3) 日本の天気は，季節によっていろいろな特ちょうがありますが，夏の天気の特ちょうとして正しいものを，次のア～ウから選び，記号で答えなさい。　　　　　　〔　　　　　〕

　ア　むし暑い晴れた日が多いが，午後には夕立やかみなりが多くなる。

　イ　暑くかんそうした日が続くが，北海道だけは雨が多くなる。

　ウ　雨の日が多いがあたたかく，気温の変化は小さい。

3 気象庁がおこなっている気象観測システムのひとつにアメダス（AMeDAS）があります。これは，全国各地のさまざまな気象観測データを自動的に集め，気象予報や警報に役立てるシステムです。

[合計40点]

(1) アメダスで観測していないものを次のア～オから1つ選び，記号で答えなさい。

[8点] 〔　　　　〕

ア 気温　　イ 気圧　　ウ 風向　　エ 風速　　オ 日照時間

(2) 次の図1は，インターネットで調べたある日のアメダスによる雨量の図です。あとの問いに答えなさい。

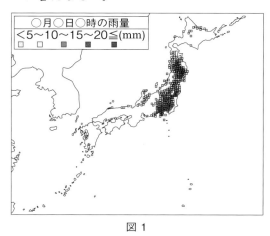

図1

雲のはん囲

図2

① 図1の左上に雨量の単位が（mm）と示されています。（mm）で示している数字は何を意味しますか。正しいものを選び，ア～オの記号で答えなさい。　[8点] 〔　　　　〕

ア 雨のつぶが落ちてくる速さを示している。

イ 雨のつぶの大きさを示している。

ウ 雨がふるときの雨のつぶとつぶの間かくを示している。

エ 円とう形の容器に雨水をためたときの深さを示している。

オ 雨のつぶが地面に落ちたとき，はね上がる高さを示している。

② 上の図2は気象衛星「ひまわり」による雲画像から，同じ時こくの雲のようすをかいた図です。雨量の図（図1）と雲の図（図2）から判断すると，札幌・東京・大阪の3地点の天気は何になるでしょうか。「晴れ」・「くもり」・「雨」の中からそれぞれ選びなさい。

[各8点] 札幌〔　　　　〕，東京〔　　　　〕，大阪〔　　　　〕

4 「ゲリラごう雨」は雨のふる時間は短いが，いっきに大量の雨をふらすのが特ちょうです。この雨をふらす雲は，次のうちのどれですか，記号で答えなさい。

[8点] 〔　　　　〕

ア 巻雲(すじ雲)　　　イ 乱層雲(あま雲)　　　ウ 積雲(わた雲)

エ 高積雲(ひつじ雲)　　オ 積乱雲(かみなり雲)

なるほど科学館

寒冷前線には注意しよう！

▷ テレビの天気予報を見ていると，寒冷前線という言葉をときどき聞きます。

▷ 前線というのは，あたたかい空気のかたまりと冷たい空気のかたまりがぶつかっている所で，寒冷前線では，冷たい空気のかたまりが，あたたかい空気のかたまりの下にもぐりこんで進んでいます。そのため，寒冷前線が通り過ぎると，その地いきは冷たい空気におおわれて，気温が急に下がります。

▷ また，寒冷前線は，強い雨と強い風をともなっているので，寒冷前線が通るときは強い風がふき，短い時間に強い雨がふります。ですから，天気予報で「寒冷前線が通過する」と言っているときは，かさをわすれずに持って，寒くないようにして出かけなければいけません。

雲の高さもいろいろ

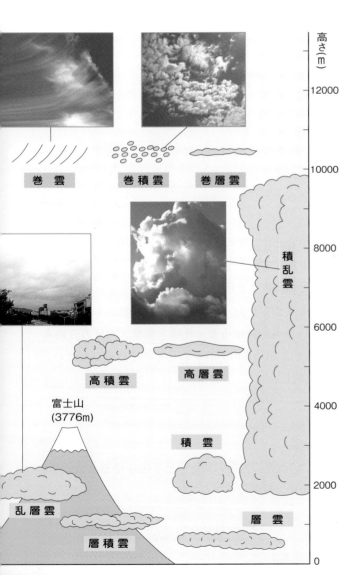

▷ 空にうかんでいる雲はどれも同じだと思っていませんか。

▷ 雲には10種類あり，それぞれ形やういている高さがちがいます。

▷ 高い所の雲には，白いすじ状の巻雲（すじ雲），小さい雲が集まっている巻積雲（うろこ雲），うすくて白いベール状の巻層雲（うす雲）があります。

▷ 中間の高さの雲には，丸みのある大きい雲が集まっている高積雲（ひつじ雲）と，はい色がかったベール状の高層雲（おぼろ雲）があります。

▷ 低い所の雲には，暗いはい色の乱層雲（雨雲），大きな板状の層積雲（うね雲），きりのように広がる層雲（きり雲）があります。

▷ また，低い所から上空へのびる雲に，ドーム状の積雲（わた雲）と，山のようにそびえる積乱雲（入道雲）があります。

4 魚のたまごの成長

★ メダカのおすとめすは，せびれやしり
びれの形で見分ける。

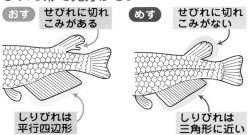

おす せびれに切れ
こみがある

めす せびれに切れ
こみがない

しりびれは
平行四辺形

しりびれは
三角形に近い

★ メダカのたまごは，水温25℃くらいだ
と，2週間ほどで子メダカにかえる。

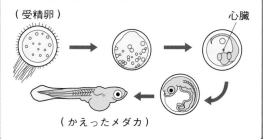

（受精卵）

心臓

（かえったメダカ）

★ メダカは，水温25℃くらいでたまごを
よくうみ，水草にくっつける。

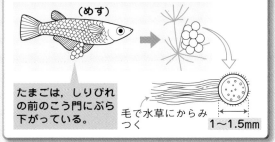

（めす）

たまごは，しりびれ
の前のこう門にぶら
下がっている。

毛で水草にからみ
つく

1〜1.5mm

★ 子メダカは，かえってから2〜3日は，
はらの下にあるふくろの中の養分で育つ。

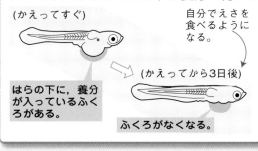

（かえってすぐ）

自分でえさを
食べるように
なる。

（かえってから3日後）

はらの下に，養分
が入っているふく
ろがある。

ふくろがなくなる。

★ けんび鏡の使い方を覚えよう。

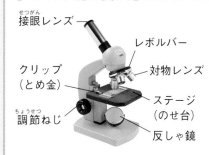

接眼レンズ

レボルバー

クリップ
（とめ金）

対物レンズ

調節ねじ

ステージ
（のせ台）

反しゃ鏡

①対物レンズの倍率をいちばん低いものにする。

②レンズをのぞきながら反しゃ鏡を動かして明るくする。

③プレパラートをステージにおき，クリップでとめる。

④調節ねじで対物レンズとプレパラートを近づける。

⑤調節ねじでプレパラートを遠ざけてピントをあわせる。

⑥細かく見るときはレボルバーをまわし，対物レンズを変える。

1 メダカのたまご

1 考えよう　メダカをかうときは，どんなことに注意すればよいだろうか。

正しいのは？
- A　水そうには，水道水を入れる。
- B　水がにごったときは，半分ずつとりかえる。
- C　えさは，毎日たくさんあたえる。

メダカのかい方

水草
マツモ
クロモ
えさ
イトミミズ
空気
エアストーン
くみおきの水
よくあらった小石やすな

🔵 メダカは，春から秋にかけて，池や小川で群れをつくって泳いでいます。メダカをかうときには，次のことに注意します。

① 水そうは，なるべく大きなものを用意し，底にはよくあらったすなや小石を入れ，水草も入れておく。そして，日光が直接当たらない明るい所におく。

② 水そうの中には，くみおきの水（水道水を1日おいたもの）を入れる。また，水がにごってきたら，その半分くらいをくみおきの水ととりかえる。

③ えさは，食べ残しが出ないていどの量を，毎日あたえる。　　　　　　　　　　　答 B

2 考えよう　メダカのおすとめすは，どのようにして見分けたらよいのだろう。

正しいのは？
- A　頭の形で見分ける。
- B　せびれとしりびれの形で見分ける。
- C　おびれの形で見分ける。

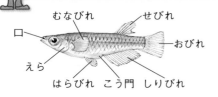

むなびれ
せびれ
口
おびれ
えら
はらびれ　こう門　しりびれ

🔵 メダカのからだは，左の図のようになっています。メダカのからだには，むなびれとはらびれが2まいずつ，せびれとしりびれとおびれが1まいずつあります。

🔵 メダカのおすとめすは，せびれとしりびれのちがいで区別できます。つまり，せびれに切れこみがあるほうがおすで，切れこみがないほうがめすです。また，しりびれが大きく，四辺形になっているほうがおすで，しりびれが小さく，三角形に近い形になっているほうがめすです。

🔵 また，めすのほうが，少しはらがふくれています。　　　　　　　　　　　答 B

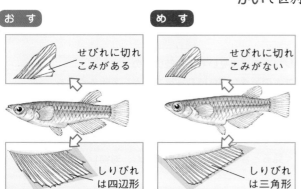

おす
せびれに切れこみがある
しりびれは四辺形

めす
せびれに切れこみがない
しりびれは三角形

3 考えよう

メダカがうんだたまごは，からだのどこについているか。

正しいのは？

A おすのからだのしりびれの前。

B めすのからだのしりびれのうしろ。

C めすのからだのしりびれの前。

観察 メダカのおすとめすをいっしょにかい，たまごをうませ，うまれたばかりのメダカのたまごが，からだのどこについているかを調べます。

◯ メダカは，水があたたかくなる4月から9月にかけてたまごをうみ，水温が25℃くらいで最もよくうみます。たまごをうむことを産卵といいます。

◯ 産卵は，ふつう，夜明けごろにおこなわれ，うみ出されたばかりのたまごは，しばらくの間，めすのこう門（しりびれの前の所）にぶら下がっています。

◯ 1回にうみ出されるたまごの数は，10〜30個くらいで，ぶどうのふさのようにひとかたまりになっています。

答 **C**

たまごは，しりびれの前のほうに，ひとかたまりになってぶら下がっているんだよ。

4 考えよう

メダカは，水そうのどんな所にたまごをうみつけるのだろう。

正しいのは？

A 水草の葉やくき。

B 小石やすなの間。

C 水面。

観察 たまごをぶら下げているめすをさがし，その動きを見守ります。

◯ メダカのめすは，たまごをぶら下げて水草の間を泳いでいます。そして，しばらくたつと，そのたまごを水草にくっつけ，からだからはなします。

◯ 右の写真のようにして，たまごは，1つぶずつ，たまごの外側にある細い糸のようなもので，水草にくっつけられます。

答 **A**

水草にたまごをつけるめすのメダカ

たいせつポイント メダカ

おす…せびれに切れこみがあり，しりびれは四辺形。

めす…せびれに切れこみがなく，しりびれは三角形。

5 考えよう メダカのたまごをせわするとき，どんなことに注意すればよいか。

正しいのは？
- **A** 親といっしょの水そうに入れておく。
- **B** 親とはなしてやる。
- **C** 水そうの水は，入れかえないようにする。

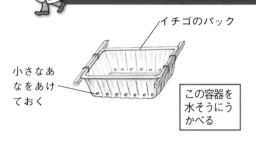

イチゴのパック

小さなあなをあけておく

この容器を水そうにうかべる

● メダカのたまごをせわするときは，たまごがうみつけられた水草ごと別の容器に入れ，親とべつべつにすることが必要です。

● これは，たまごが，親メダカや他のメダカに食べられないようにするためです。　答 **B**

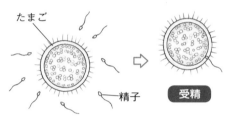

たまご

精子

受精

もっとくわしく 受精と受精卵…うみ出されたメダカのたまごは，そのままでは育ちません。メダカのたまごが育つためには，たまごが出てすぐに，おすが精子をかけ，たまごと精子がいっしょにならなければいけません。これを受精といい，受精したたまごを受精卵といいます。受精しなかったたまごは育ちません。なお，1個のたまごといっしょになるのは1個の精子だけです。

---

6 考えよう メダカのたまごの大きさは，どれくらいあるのだろう。

正しいのは？
- **A** 直径が1〜1.5mmくらいある。
- **B** 直径が2〜3mmくらいある。
- **C** 直径が5〜6mmくらいある。

水草についた受精卵

ペトリ皿

受精卵を解ぼうけんび鏡で観察する

観察 メダカのたまごを水草ごととり，水を入れたペトリ皿に入れて，たまごのようすを，虫めがねや解ぼうけんび鏡を使って調べます。

うまれてすぐのたまご

1〜1.5mm

あわのようなつぶがたくさんある。

毛

● うみつけられたばかりのたまごは，無色ですきとおっていて，あわのような小さなつぶがたくさんあり，ガラス玉のように丸い形をしています。また，大きさは，直径が1〜1.5mmくらいです。

● たまごの表面には，たくさんの短い細い毛のようなでっぱりと，一部に長い毛のようなものがついています。　答

もっとくわしく たまごの表面についている長い毛のようなものは付着毛といい，15〜16本がたばになっています。付着毛は，水草などにたまごをからませるはたらきをしていて，うみつけられたばかりのたまごが，水に流されるのを防いでいます。

40 4 魚のたまごの成長

メダカのたまごを観察するときには，解ぼうけんび鏡やそう眼実体けんび鏡を使います。解ぼうけんび鏡やそう眼実体けんび鏡は，見ようとする物を10倍や20倍，40倍などの大きさにして見る道具で，それぞれ次のようにして使います。

解ぼうけんび鏡とその使い方

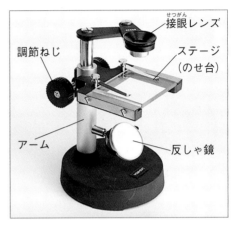

接眼レンズ

調節ねじ

ステージ
（のせ台）

アーム

反しゃ鏡

　解ぼうけんび鏡は，右の写真のようなつくりをしています。

❶ 解ぼうけんび鏡を，明るいまどの近くで，日光が直接当たらない所におく。

❷ 反しゃ鏡の向きを調節して，レンズをのぞいたときに明るく見えるようにする。

❸ レンズの中心を見ようとするものにあわせ，横から見ながら，調節ねじでレンズを下げる。

❹ レンズをのぞきながら，調節ねじを少しずつまわしてレンズを上げ，はっきり見える所で止めて，観察する。

反しゃ鏡の向きを調節する。

横から見ながらレンズを下げる。

レンズを上げて，ピントをあわせる。

そう眼実体けんび鏡とその使い方

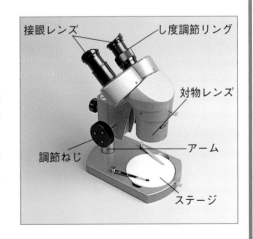

接眼レンズ

し度調節リング

対物レンズ

アーム

調節ねじ

ステージ

　そう眼実体けんび鏡は，右の写真のようなつくりをしています。

❶ 接眼レンズのはばを目のはばに合わせて，両目で見たとき，物が1つに見えるようにする。

❷ 左目をつぶって，右目だけで右のレンズをのぞき，調節ねじをまわして，はっきり見える所で止める。

❸ 右目をつぶって，左目だけで左のレンズをのぞき，し度調節リングをまわして，はっきり見える所で止める。

❹ 両方の目をあけてレンズをのぞき，観察する。

たいせつポイント

メダカのたまご

水草ごと別の容器に入れ，親とべつべつにする。

大きさは直径1～1.5mmで，一部に長い毛がある。

2 メダカのたまごの育ち方（そだ）

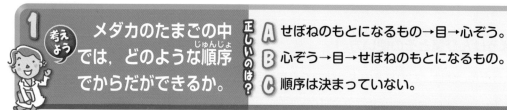

考えよう
メダカのたまごの中では，どのような順序（じゅんじょ）でからだができるか。

正しいのは？

A せぼねのもとになるもの→目→心ぞう。

B 心ぞう→目→せぼねのもとになるもの。

C 順序は決まっていない。

たねのつくりとどんなところがちがうのかな。

から

からだのもとになる部分

養分になる部分

毛

メダカのたまごのつくり

観察

メダカのたまごの中の変化（へんか）を，解ぼうけんび鏡（かい）（きょう）を使って，2〜3日おきに調べます。（しら）

○ 水草にうみつけられた受精卵（じゅせいらん）は，水の温度（おんど）が25℃くらいだと，約2週間で子メダカにかえります。

○ たまごの中でからだがつくられる順序は決まっており，まず，せぼねのもとになるものができます。次（つぎ）に目ができ，心ぞうや血管（けっかん）ができて，だんだんとメダカらしいからだになっていきます。 答 A

メダカのたまご
の育ち方
（水温 25℃ のとき）

産卵・受精

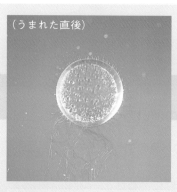

（うまれた直後）

①たまごの中に，あわのようなつぶがちらばっている。

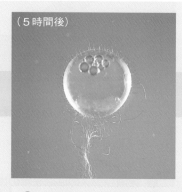

（5時間後）

②つぶが集まって大きくなり，反対側にもり上がりができる。

（かえってから3日後）

⑩かえって2〜3日すると，はらのふくらみがなくなり，えさを食べはじめる。

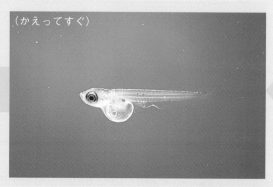

（かえってすぐ）

⑨かえったばかりの子メダカ。はらがふくれていて，せびれやしりびれは完全ではない。

2 **考えよう** たまごからかえったば
かりの子メダカは，え
さを食べるだろうか。

正しいのは？

A えさをあたえると，よく食べる。

B 水そうの中の水草を食べる。

C えさをあたえても，食べない。

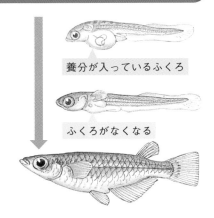

養分が入っているふくろ

ふくろがなくなる

● かえったばかりの子メダカは，4～5mmくらいの
大きさで，からだの中はすきとおって見えます。また，
はらの下にはふくろがついている ことがわかります。

● このふくろには養分（ようぶん）が入っていて，かえってから2
～3日は，この養分を使って育ちます。このため，か
えったばかりの子メダカにえさをあたえても食べません。

● はらの下のふくろが小さくなると，子メダカは，
自分でえさを食べるようになり，2～3か月もすると，
親メダカに成長（せいちょう）します。 **答** **C**

**たいせつ
ポイント** メダカのたまご
の育ち方

せぼねのもとになるもの→目→心ぞうの順（じゅん）にできる。
かえって2～3日は，はらのふくろの養分（ようぶん）で育つ。

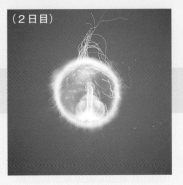

（2日目）

③せぼねのもとになるものが
できる。

（4日目）

④目がはっきりとしてくる。
心ぞうらしいものが動く。

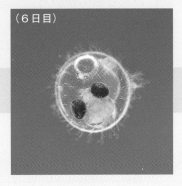

（6日目）

⑤心ぞうの動きがよくわかり，
血液の流れも見られる。

（13日目）

⑧からをやぶり，はらがふく
らんだ状態で出てくる。

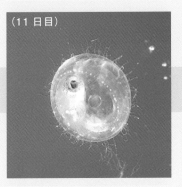

（11日目）

⑦口やからだを動かして，た
まごの中をさかんに動く。

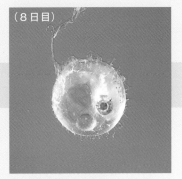

（8日目）

⑥むなびれが見られ，からだ
をときどき動かす。

とても小さい物を観察するときには、けんび鏡を使います。けんび鏡のつくりと使い方は、下のとおりです。また、けんび鏡の観察倍率は、「接眼レンズの倍率×対物レンズの倍率」となります。

けんび鏡のつくり

つつが動くけんび鏡

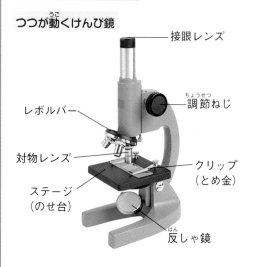

接眼レンズ
レボルバー
調節ねじ
対物レンズ
クリップ（とめ金）
ステージ（のせ台）
反しゃ鏡

のせ台が動くけんび鏡

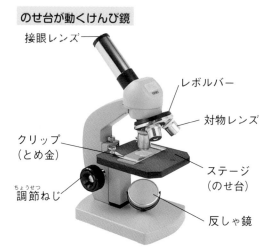

接眼レンズ
レボルバー
対物レンズ
クリップ（とめ金）
ステージ（のせ台）
調節ねじ
反しゃ鏡

けんび鏡の使い方 … スライドガラスに見たいものをのせ、カバーガラスをかけたものをプレパラートという。

①対物レンズの倍率をいちばん低いものにしておく。

②レンズをのぞきながら、反しゃ鏡を動かして明るくする。

③プレパラートをステージにおき、クリップでとめる。

④横から見ながら調節ねじをまわし、対物レンズとプレパラートをできるだけ近づける。

⑤調節ねじをまわして、対物レンズとプレパラートの間を遠ざけ、ピントをあわせる。

⑥もっと細かい部分まで見るときは、レボルバーをまわして、対物レンズの倍率を上げる。

❶ 次の(1)～(3)で，メダカのかい方として正しいものには○，正しくないものには×と答えなさい。

(1) 水そうには水道水をそのまま入れる。

(2) 水そうは，日光が直接当たる明るい所におく。

(3) 水そうの中に水草を入れておく。

(1)（　　　）(2)（　　　）
(3)（　　　）

❷ 下の図は，めすのメダカのすがたを表したものです。あとの問いに答えなさい。

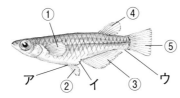

(1) おすのメダカと形がちがうひれを，①～⑤から2つ選びなさい。

（　　　）（　　　）

(2) たまごがうみ出される所を，ア～ウから選びなさい。

（　　　）

❸ メダカのたまごについて，次の問いに答えなさい。

(1) メダカのたまごの直径は，何mmくらいですか。（　　～　　mmくらい）

(2) メダカがたまごをうんだら，すぐに親とべつべつにしなければなりません。その理由をかんたんに説明しなさい。

（　　　　　　　　　　　　　）

❹ メダカのたまごの育ち方について，次の問いに答えなさい。

(1) 水の温度が25℃くらいのとき，うみつけられたたまご（受精卵）は，約何週間くらいで子メダカにかえりますか。

（約　　　週間）

(2) メダカのたまごは，どのように育っていきますか。下のア～オを育っていく順にならべなさい。

（　　→　　→　　→　　→　　）

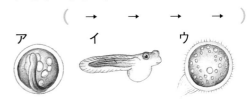

(3) 上の図の中で，イのメダカは，はらがふくれています。このふくらみの中には何がありますか。（　　　）

❺ 下の図のけんび鏡のア～エの名前を書きなさい。

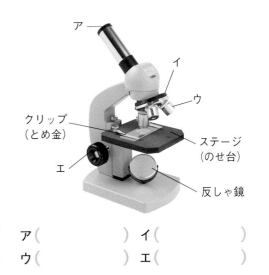

ア（　　　　　）イ（　　　　　）
ウ（　　　　　）エ（　　　　　）

テストに出る問題

1 メダカのかい方について，次の問いに答えなさい。　[5点ずつ…合計25点]

(1) メダカのおすとめすは，どのひれで見分けますか。次のア〜エから選び，記号で答えなさい。〔　　　〕

　ア　むなびれとはらびれ　　　　　イ　はらびれとせびれ

　ウ　せびれとしりびれ　　　　　　エ　しりびれとむなびれ

(2) メダカを育てるのに適した水そうを，次のア〜ウから選び，記号で答えなさい。〔　　　〕

　　ア 　　イ 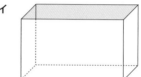　　ウ

(3) メダカをかうときに注意することとして正しくないものを，次のア〜エから1つ選び，記号で答えなさい。〔　　　〕

　ア　底にはよくあらったすなや小石を入れ，水草も入れておく。

　イ　水そうは日光が直接当たらない明るい所におく。

　ウ　水そうに入れる水はくみおきの水とし，入れかえるときは半分ずつ入れかえる。

　エ　えさは，メダカが少し食べ残すくらい，じゅうぶんにあたえる。

(4) たまごが水草にうみつけられたあと，すぐにどのようなことをしなければなりませんか。かんたんに説明しなさい。〔　　　　　　　　　　〕

(5) うみ出されたばかりのメダカのたまごをかいたものを，次のア〜エから選び，記号で答えなさい。〔　　　〕

　ア 　　イ 　　ウ 　　エ

2 右の図は，メダカのたまごをスケッチしたものです。次の問いに答えなさい。　[5点ずつ…合計20点]

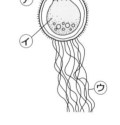

(1) メダカのたまごをくわしく観察するとき，適したけんび鏡を2つ答えなさい。〔　　　　　〕〔　　　　　〕

(2) 子メダカに育っていく部分は，㋐・㋑のどちらですか。記号で答えなさい。〔　　　〕

(3) ㋒の長い毛のようなもののはたらきを，次のア〜エから選び，記号で答えなさい。〔　　　〕

　ア　水の流れにのりやすくする。　　イ　水草にからみつく。

　ウ　バランスをとる。　　　　　　エ　養分をたくわえる。

3 メダカの産卵について，次の問いに答えなさい。 [9点ずつ…合計18点]

(1) めすが産んだたまご（卵ともいう）が，おすが出した精子と結びつくと，たまごは育ち始めます。このように，たまごが精子と結びつくことを何といいますか。

〔　　　　　　　　　〕

(2) たまごが精子と結びついたとき，この卵を何といいますか。 〔　　　　　　　　　〕

4 右の図は，たまごからかえったばかりのメダカのすがたを表したものです。次の問いに答えなさい。

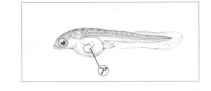

[5点ずつ…合計10点]

(1) 図の中の⑦の部分の説明として正しいものを，次のア～ウから選び，記号で答えなさい。 〔　　　　　　　〕

　ア　たまごからかえって2～3日分の養分が入っている所である。

　イ　ほとんどの内ぞうが入っている所である。

　ウ　うきぶくろが入っている所である。

(2) ⑦のふくろは，このあとどうなりますか。ア～ウから選びなさい。 〔　　　　　　　〕

　ア　大きくなる　　　　　イ　小さくなる　　　　ウ　変わらない

5 右の図のようなけんび鏡の使い方について，次の問いに答えなさい。

[合計27点]

(1) 図の中のア～エを何といいますか。

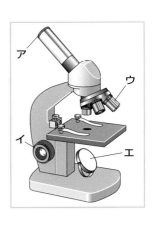

[各5点] ア〔　　　　　　　〕　イ〔　　　　　　　〕

　　　　ウ〔　　　　　　　〕　エ〔　　　　　　　〕

(2) 次の①～④を，手順どおりにならべ変えなさい。

[7点] 〔　　　　→　　　　→　　　　→　　　　〕

　①　プレパラートをステージにおき，クリップでとめる。

　②　反しゃ鏡を動かして，明るさを調節する。

　③　ウのレンズとプレパラートを遠ざけながらピントをあわせる。

　④　横から見ながら調節ねじをまわして，ウのレンズとプレパラートを近づける。

魚のたまごの数はいろいろ

マンボウ

▷ メダカは1回に10〜30個のたまごをうみ，サケは約3000個のたまごをうみます。このように，魚がうむたまごの数は，魚の種類によってちがいます。では，たまごをたくさんうむ魚は，何個くらいうむのでしょうか。

▷ 海にすむイワシは約5万個のたまごをうみ，マグロは約500万個うみます。マンボウはもっと多く，約2億〜3億個もうみます。

▷ これらのたまごのほとんどは，他の魚に食べられてしまいます。そのため，たまごの数は多いのですが，親と同じ大きさにまで育つのは，ほんの数ひきだけです。

▷ たまごを少ししかうまない魚もいます。

▷ タツノオトシゴは，約100個のたまごをおすのはらについているふくろの中にうみます。たまごはその中でかえってから，外に出ます。タナゴは，約10個のたまごを貝の中にうみます。たまごは貝の中でかえってから外に出ます。ギンザメは，20cmもある細長いたまごを2個うんで，はらにくっつけ，いつも連れてまわります。

▷ このように，たまごの数の少ない魚は，たまごを他の魚に食べられないように，いろいろなくふうをしており，親と同じ大きさまで育つ数は，たまごの数の多い魚とほとんど同じです

サケはうまれた川にもどる

▷ サケもメダカと同じように，川でたまごからうまれて小さな魚になります。サケはその後，川を下って海で育ち，数年後にまたうまれた川にもどってきます。

▷ サケの頭の中には，磁石を感じるものがあります。サケは，地球の磁石の方向をもとにして日本の方向をめざします。

▷ そして，岸の近くまでくると，今度は，川のにおいをもとに，自分のうまれた川をさがします。川には，それぞれびみょうなにおいのちがいがあり，サケは自分のうまれた川のにおいを覚えているのです。

川底のあなにたまごをうむサケのめすと精子をかけるサケのおす

5 人や動物の たんじょう

教科書の
まとめ

⭐ 人の受精卵は，母親の子宮の中で，子どもへと育ってからうまれる。

受精卵が子宮の
かべにくっつく。

少しずつからだ
ができていく。

受精卵

子宮

たいばん

へそのお

身長約50cm，
体重約3kg
でうまれる。

子宮の中で約280日間育つ。

⭐ 人の子どもは，うまれてからしばらくの間は，母親のちちを飲んで育つ。

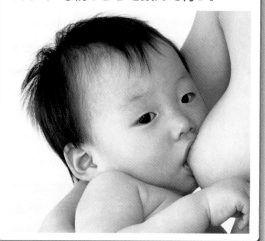

⭐ たい児は，へそのおを通して，母親から養分をもらって育つ。

母親

たい児の成長に
必要な養分など
は，母親からもら
う。

たいばん

へそのお

たい児の中ででき
た，いらなく
なったものは，
母親にわたす。

たい児

⭐ イヌやウシ・ウマなど，親と似たすがたでうまれる動物は，母親の子宮の中で育ち，うまれてからしばらくは，母親のちちを飲む。

ちちを飲むイヌの子ども　ちちを飲むウシの子ども

1 人のたんじょう

1 考えよう

卵や精子だけが育って，人の赤ちゃんになるだろうか。

正しいのは？

A 受精卵でないと赤ちゃんにはならない。
B 卵だったら，赤ちゃんになる。
C 卵も精子も赤ちゃんになる。

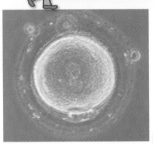

人の卵

● 人では，女性のからだの中で，生命のもとになる卵（卵子ともいう）がつくられ，男性のからだの中で，精子がつくられます。

● 卵と精子は，どちらもそのままでは育ちません。卵と精子が女性のからだの中で受精して受精卵になると生命がたんじょうし，成長を始めます。

答 **A**

もっとくわしく

卵と精子…卵は，女性のからだの中の卵巣という所でつくられます。卵は球形をしていて，大きさは，直径約0.14mmです。精子は，男性のからだの中の精巣という所でつくられます。精子はおたまじゃくしのような形をしていて，長さが約0.06mmです。

人の精子

2 考えよう

受精卵は，母親のからだの中のどこで育つのだろう。

正しいのは？

A 子宮の中で育つ。
B へその中で育つ。
C 卵巣の中で育つ。

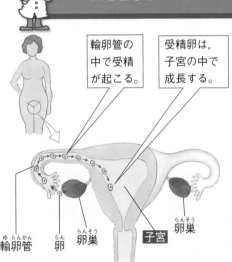

輸卵管の中で受精が起こる。

受精卵は，子宮の中で成長する。

輸卵管　卵　卵巣　子宮　卵巣

● 人の女性のおなかには，左の図のような子宮という子どもを育てるへやがあります。子宮のおくのほうは，輸卵管という管とつながっています。また，輸卵管のはしの近くには，卵をつくる卵巣があります。

● 卵巣でつくられた1個の卵は，卵巣を出て輸卵管へと入り，輸卵管の中で1個の精子といっしょになり，受精卵になります。

● 受精卵は輸卵管の中では育つことはできません。受精卵は子宮へと送られ，子宮のかべにくっついて，子どもへと成長していきます。

答 **A**

3 考えよう 子宮の中で，子ども はどのようになってい るのだろうか。

正しいのは？

A 母親にしっかりとしがみついている。

B へそのおとたいばんで母親とつながっている。

C 羊水についているだけで，つながっていない。

◉ 受精卵は，子宮のかべにくっついて成長を続け，少しずつ子どもの形になっていきます。子宮の中の子どもをたい児といいます。

◉ たい児は，右の図のように，子宮の中で，へそのおとたいばんで母親のからだとつながっています。

◉ また，たい児が成長するとき，子宮の中には羊水という液体がたまっており，たい児は羊水の中で，ういたような状態になっています。羊水は，母親が外から受けるショックからたい児を守っています。

答 **B**

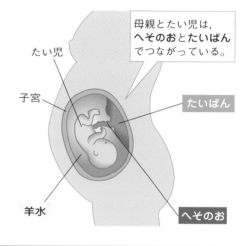

母親とたい児は，へそのおとたいばんでつながっている。

たい児

子宮

たいばん

羊水

へそのお

---

4 考えよう たい児は，必要な養分をどうやってとり入れているのか。

正しいのは？

A 羊水を飲んでとり入れている。

B 自分のおなかにある養分を使う。

C へそのおを通して母親からもらう。

◉ 子宮の中でたい児が成長するためには，養分などが必要です。また，逆に，たい児のからだの中では，いらなくなったものができます。

◉ たい児は，自分でそれらをとり入れたり出したりすることはできません。そこで，たい児は，へそのおを通して，母親から養分などをもらい，逆に，いらなくなったものを母親にわたしています。

答 **C**

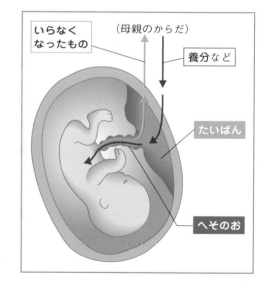

いらなくなったもの

（母親のからだ）

養分など

たいばん

へそのお

もっと くわしく

へそのお…へそのおの中には血管が入っていて，その血管がたいばんまでのびています。養分やいらなくなったものは，血液によって運ばれ，たいばんで受けわたしをします。たい児と母親の血管がつながっているわけではありません。また，たい児と母親の血液がまざることもありません。

たいせつ ポイント

たい児
{
母親の子宮の中で育つ。
へそのおを通して，母親から養分などをもらう。

5 考えよう たい児は，母親のからだの中にいるときから動くのだろうか。

正しいのは？

Ⓐ たい児は，うまれるまで動かない。

Ⓑ よほど元気のよいたい児でないと動かない。

Ⓒ 母親のからだの中にいるときからよく動く。

たい児は，お母さんのおなかの中で大切に育てられるんだね。

⚫ 子宮のかべにくっついた受精卵は，次のようにして，子どもへと成長していきます。

① 受精後30日目（身長約6mm）人のたい児も，はじめのうちはしっぽができる。そして，このころになると，心ぞうが動いて血液が流れはじめる。

② 受精後60日目（身長約4cm）しっぽはだんだん短くなり，手・足がはっきりとできてくる。

③ 受精後100日目（身長約15cm）人としての形が，ほとんどできあがる。

④ 受精後150日目（身長約25cm）頭の毛がはえはじめる。また，母親がたい児の動きを感じるようになる。

⚫ そしてさらに成長を続けて，受精後約266日目（約38週目）に，身長が約50cmになり，母親のからだの外へ出てきます（たんじょうします）。

答 Ⓒ

人のたんじょうまでのようす

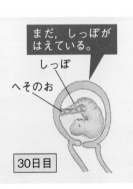

まだ，しっぽがはえている。

しっぽ

へそのお

子宮

30日目

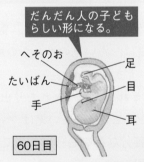

だんだん人の子どもらしい形になる。

へそのお

たいばん

手

足

目

耳

60日目

人としての形がほとんどできあがる。

たいばん

へそのお

100日目

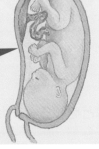

うまれるときは，ふつう頭から先に出てくる。

さらに成長を続ける。

たいばん

へそのお

うまれる直前

150日目

6 考えよう 人の子どもは，どれくらいの体重でうまれてくるのだろうか。

正しいのは？
A 約3kg
B 約30g
C 約300g

○ 人の子どもは，受精後約266日目ごろにうまれます。そのときの身長は約50cmで，体重は約3kg（3000g）ですが，人によって少しちがいます。

○ 子どもがうまれるとき，へそのおはつながったまま出てきますが，うまれたあとはいらないので，とります。へそのおがとれたあとがへそです。

○ 子どもがうまれたあと，たいばんも母親のからだから出てきます。　　　　　　　　　　答 A

うまれてすぐの子ども

7 考えよう 子どもは，うまれてからどれくらいの間，ちちを飲んで育つか。

正しいのは？
A 1か月くらい。
B 2か月くらい。
C 半年から1年くらい。

○ たい児のときは，母親とへそのおでつながっていたので，自分でこきゅうをしたり，養分をとったり，いらないものを出したりする必要はありませんでした。しかし，うまれてからは，すべて自分でしなければいけません。

○ 人の子どもは，うまれてから半年から1年くらいの間は，母親のちちを飲んで育ちます。

○ また，他の動物とくらべて，歩けるようになるのがおそく，自分で歩けるようになるには，うまれてから1年くらいかかります。　　　　　　答 C

もっとくわしく
うぶ声…子どもがうまれてすぐ泣く泣き声をうぶ声といいます。うぶ声は，子どもがうまれてはじめてするきゅうです。

母親のちちを飲む子ども

たいせつポイント 人のたんじょう
{ 身長約50cm，体重約3kgでうまれる。
うまれた子は，母親のちちを飲んで育つ。

2 動物のたんじょう

1

考えよう イヌの子どもは，どのようなすがたでうまれるのだろうか。

正しいのは？
Ⓐ たまごでうまれる。
Ⓑ 親とはまったくちがうすがたでうまれる。
Ⓒ 親と似たすがたでうまれる。

ちちをのむイヌの子ども

ちちをのむウシの子ども

● イヌは，人と同じように，親と似たすがたでうまれる動物です。

● イヌの子どもも，母親の子宮の中で受精卵から育ちます。子宮の中で育つときは，へそのおとたいばんで母親とつながっています。

● また，うまれてからしばらくの間は，母親のちちを飲んで育ちます。

● 親と似たすがたでうまれる動物には，人やイヌのほかに，ウシ，ウマ，ブタ，ネコ，ウサギなどがいます。どれも，うまれるまでは母親の子宮の中で育ち，うまれてからはちちを飲んで育ちます。 答 Ⓒ

2

考えよう たまごでうまれる動物には，どんな動物がいるだろうか。

正しいのは？
Ⓐ 鳥，魚，ゾウ，カエル，ヘビなど。
Ⓑ 魚，ゾウ，ネズミ，カエル，カメなど。
Ⓒ 鳥，魚，カエル，ヘビ，こん虫など。

カメのたまご

カエルのたまご

● たまごでうまれる動物は，めす親のからだから出たあと，自分でえさをとれるようになるまで，たまごの中の養分で育ちます。育つのは受精卵だけで，受精していないたまごは育ちません。

● たまごでうまれる動物には，鳥，魚，カエル，ヘビ，こん虫などがいます。 答 Ⓒ

たいせつポイント 子の育ち方 { 親と似たすがたでうまれる動物…母親のちちを飲んで育つ。
たまごでうまれる動物…たまごの中の養分で育つ。

教科書のドリル

答え → 別さつ6ページ

1 人の精子，卵（卵子），受精について，次の問いに答えなさい。

(1) 精子をつくる所を何といいますか。
（　　　　　　）

(2) 卵をつくる所を何といいますか。
（　　　　　　）

(3) 人の精子の長さは，約何mmですか。
（約　　　　mm）

(4) 人の卵の直径は，約何mmですか。
（約　　　　mm）

(5) 精子と卵が結びつくことを，何といいますか。
（　　　　　　）

(6) (5)のようにしてできた卵を，何といいますか。
（　　　　　　）

2 下の図は，母親の子宮の中で育つたい児のようすを表した図です。次の問いに答えなさい。

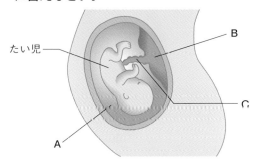

たい児

(1) 図のA〜Cを，それぞれ何といいますか。
A（　　　）B（　　　）C（　　　）

(2) Aのはたらきを，かんたんに説明しなさい。　（　　　　　　）

(3) 次の文の（　）に当てはまることばを答えなさい。
　BとCを通して，たい児は①（　　　）などを母親からもらい，②（　　　）などを母親へわたす。

3 たい児が成長するようすについて，次の問いに答えなさい。

(1) たい児の心ぞうが動きはじめるのは，受精後何日目くらいですか。
（　　　日目くらい）

(2) 母親のからだから子がうみ出されるのは，受精後何日目くらいですか。
（　　　日目くらい）

(3) うまれたばかりの子の身長と体重はどれくらいですか（ただし，人によって少しちがいます）。
身長（約　　　cm）
体重（約　　　kg）

(4) うまれたばかりの子が，はじめに上げる泣き声を何といいますか。（　　　）

(5) うまれたばかりの子は，泣き声を上げ始めることによって，何を始めたのですか。
（　　　　　　）

4 人以外の動物について，次の問いに答えなさい。

(1) 人と同じように，親と似たすがたの子をうむ動物を，次のア〜カから2つ選びなさい。　（　　　）（　　　）
ア　ウマ　　　　イ　ワニ
ウ　ハチ　　　　エ　カエル
オ　ウサギ　　　カ　ハト

(2) (1)で選んだ動物の子は，うまれてからしばらくの間，どのようにして育ちますか。
（　　　　　　）

(3) (1)で選ばなかった動物は，親のからだから出たあと，えさをとれるようになるまで，どのようにして育ちますか。
（　　　　　　）

テストに出る問題

答え ➡ 別さつ7ページ
時間30分　合格点80点

得点 ／100

1 右の図は，女性のからだの中で，たい児を育てるつくりを表したものです。次の問いに答えなさい。　［5点ずつ…合計30点］

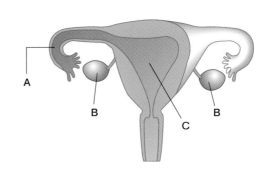

(1) 図の中のA〜Cのつくりをそれぞれ何といいますか。

A〔　　　　　〕
B〔　　　　　〕
C〔　　　　　〕

(2) Bのはたらきとして適当なものを，次から1つ選び，記号で答えなさい。

〔　　　　〕

ア　精子をつくる。
イ　卵(卵子)をつくる。
ウ　たい児を育てる。
エ　たい児にあたえる養分をつくる。

(3) 受精がおこなわれるのはどこですか。図の中のA〜Cから選び，記号で答えなさい。

〔　　　　〕

(4) 受精によってできた受精卵は，どこで育ちますか。図の中のA〜Cから選び，記号で答えなさい。

〔　　　　〕

2 右の図は，母親のからだの中で育っているたい児のようすを表したものです。次の問いに答えなさい。

［5点ずつ…合計20点］

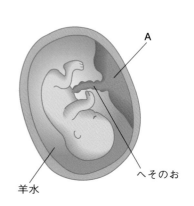

羊水

へそのお

(1) 図のように，たい児を育てている所を何といいますか。

〔　　　　　　〕

(2) 図の中のAを何といいますか。

〔　　　　　　〕

(3) Aの説明として正しいものを，次のア〜エから1つ選び，記号で答えなさい。　〔　　　〕

ア　母親の血管だけが集まっている。
イ　たい児の血管だけが集まっている。
ウ　母親の血管とたい児の血管が集まって，つながっている。
エ　母親の血管とたい児の血管が集まっているが，つながってはいない。

(4) たい児は必要な養分をどうやってとり入れているのですか。次のア〜エから1つ選び，記号で答えなさい。　〔　　　　〕

ア　羊水を飲んでとり入れる。
イ　自分のおなかにある養分を使う。
ウ　へそのおを通して母親からもらう。
エ　たい児のときは，養分は必要ない。

3 母親のからだの中で育っているたい児とうまれてすぐの子どもについて，次の問いに答えなさい。

[合計36点]

(1) 子宮内で育っているたい児のようすとして適当なものを，次のア〜エから1つ選び，記号で答えなさい。 [5点] 〔　　　　〕

　ア　たい児は，うまれるまで動かない。

　イ　よほど元気のよいたい児でないと動かない。

　ウ　母親のからだの中にいるときからよく動き，こきゅうもしている。

　エ　母親のからだの中にいるときからよく動くが，こきゅうはしていない。

(2) 受精後100日目のようすとして適当なものを，次のア〜エから1つ選び，記号で答えなさい。 [5点] 〔　　　　〕

　ア　心ぞうが動いて血液が流れはじめる。

　イ　手・足がはっきりとできてくる。

　ウ　人としての形が，ほとんどできあがる。

　エ　頭の毛がはえはじめ，目が見えるようになる。

(3) 人の子どもは，受精後約何週目にうまれますか。次のア〜オから1つ選び，記号で答えなさい。ただし，人によって少しちがうので，平均の週とします。 [5点] 〔　　　　〕

　ア　約20週目　　イ　約30週目　　ウ　約40週目　　エ　約50週目　　オ　約60週目

(4) うまれてすぐの子どもの平均身長・平均体重の正しい組み合わせを，次のア〜エから1つ選び，記号で答えなさい [5点] 〔　　　　〕

　ア　身長…30cm・体重…3kg　　　　　イ　身長…30cm・体重…5kg

　ウ　身長…50cm・体重…3kg　　　　　エ　身長…50cm・体重…5kg

(5) うまれてすぐの子どもがうぶ声を上げたときから，どのようなはたらきを始めますか。 [8点] 〔　　　　〕

(6) うまれてから半年から1年くらいの間，子どもはどのようにして養分をとり入れますか。 [8点] 〔　　　　〕

4 次の文のうち，正しいものには○，まちがっているものには×と答えなさい。

[2点ずつ…合計14点]

(1) ブタは，たまごで子どもをうむ。

(2) カエルは，たまごで子どもをうむ。

(3) イヌの子どもが子宮の中で育つとき，へそのおとたいばんで母親とつながっている。

(4) ヘビの子どもが子宮の中で育つとき，へそのおとたいばんで母親とつながっている。

(5) ウシは，うまれてからしばらくの間は，母親のちちを飲んで育つ。

(6) ツバメは，うまれてからしばらくの間は，母親のちちを飲んで育つ。

(7) ウマやサケは，どちらも受精卵から育つ。

(1)〔　　　　〕 (2)〔　　　　〕 (3)〔　　　　〕 (4)〔　　　　〕

(5)〔　　　　〕 (6)〔　　　　〕 (7)〔　　　　〕

人の男女を
決めるのは?

▷ 人の子どもが男子になるか女子になるかは，受精したしゅん間に決まってしまいます。

▷ 1個の卵（卵子）と受精できるのは1個の精子ですが，実は，この精子によって，男子になるか女子になるかが決まるのです。

▷ 人の精子は，見た目にはどれも同じに見えますが，1個1個ちがいます。しかし，大きく分けると，卵と受精して男子になる精子と，卵と受精して女子になる精子の2つに分けられます。

▷ 卵も1個1個ちがいますが，卵には，受精して男子になる卵と，受精して女子になる卵の区別はありません。

▷ ですから，卵が，男子になる精子と受精したら，その子は男子になり，女子になる精子と受精したら女子になるのです。

カンガルー
の子ども

▷ カンガルーはオーストラリアにすむ動物で，めすはおなかに子どもを育てるためのふくろを持っています。このふくろは，子どもを入れるためのただのふくろではありません。

▷ カンガルーは，親と似たすがたでうまれる動物ですが，人やイヌなどとは少しちがいます。カンガルーでは，母親の体内でたいばんがあまり発達しないため，たい児が発育できず，子どもは体重約1g，体長約3cmの小さいからだでうまれてくるのです。

▷ カンガルーの子どもは，うまれるとすぐに母親のからだをよじ登り，ふくろの中に入ります。ふくろの中には，ちくびが2つあって，子どもは，そのちくびをくわえてちちを飲みます。

▷ 約6か月間は，そのまま母親のふくろの中でちちを飲んで育ち，じゅうぶん大きくなってからふくろの外に出て，自分でえさを食べるようになります。

6 花から実へ

教科書の
まとめ

☆ アサガオの花は，がく・花びら・おし
べ・めしべの4つの部分からなる。

アサガオの花のつくり

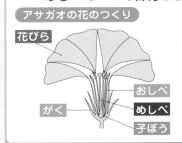

花びら

おしべ
めしべ
がく
子ぼう

中心にめしべ
が1本あり，
そのまわりに
おしべが5本
ある。

☆ ヘチマやカボチャの花には，おばなと
めばながある。

ヘチマの花のつくり

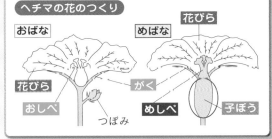

おばな
花びら
おしべ
つぼみ

めばな
花びら
がく
めしべ
子ぼう

☆ おしべの先には，花粉という粉のよう
なものがついている。

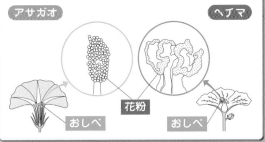

アサガオ
ヘチマ
花粉
おしべ
おしべ

☆ 花粉の形や大きさは，植物の種類に
よってちがう。

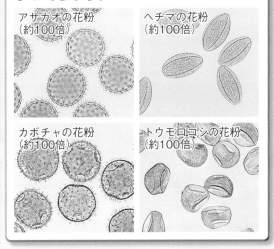

アサガオの花粉
（約100倍）

ヘチマの花粉
（約100倍）

カボチャの花粉
（約100倍）

トウモロコシの花粉
（約100倍）

☆ 花粉がめしべの先につく（受粉する）と，
子ぼうが太って実やたねができる。

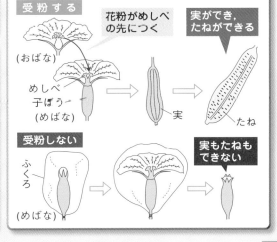

受粉する

花粉がめしべ
の先につく

実ができ，
たねができる

（おばな）
めしべ
子ぼう
（めばな）
実
たね

受粉しない

実もたねも
できない

ふくろ
（めばな）

59

1 花のつくり

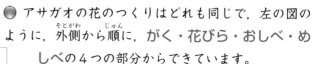

1 考えよう アサガオの花は、何という部分からできているのだろうか。

正しいのは？

A がく・花びら

B がく・花びら・おしべ・めしべ

C がく・花びら・めしべ

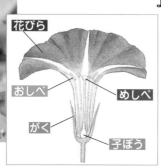

花びら
おしべ
めしべ
がく
子ぼう

アサガオの花のつくり

○ アサガオの花のつくりはどれも同じで、左の図のように、外側から順に、がく・花びら・おしべ・めしべの4つの部分からできています。

○ がくは、ラッパの形をした花びらのもとのほうにあり、花びらをしっかりつつんでいます。

○ 花の中心にはめしべが1本あり、そのまわりに、おしべが5本ついています。めしべのもとはふくらんでおり、その部分を子ぼうといいます。　　　　　　　　　　　　　答 **B**

2 考えよう ヘチマの花にも、1つの花におしべとめしべがあるのだろうか。

正しいのは？

A おしべとめしべは、べつべつの花にある。

B 両方とも同じ花の中にある。

C ヘチマの花には、おしべはない。

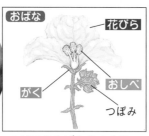

おばな
花びら
がく
おしべ
つぼみ

ヘチマのおばなのつくり

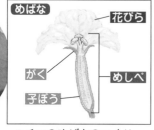

めばな
花びら
がく
子ぼう
めしべ

ヘチマのめばなのつくり

○ ヘチマでも、がくと花びらはすべての花にあります。しかし、アサガオとちがって、おしべとめしべはべつべつの花の中にあります。おしべのある花をおばなといい、めしべのある花をめばなといいます。

○ おばなの花のつくりは、左の図のようです。5まいの花びらがもとのほうでくっついており、花の中心におしべがあります。めしべはありません。

○ めばなの花のつくりは、左の図のようです。花びらやがくのようすはおばなと同じですが、花の中心にはめしべがあります。おしべはありません。また、めばなの花びらのつけねの下の部分には、子ぼうがあり、ふくらんでいます。　　　　　　　　　　　　　答 **A**

3 考えよう カボチャの花は，アサガオとヘチマのどちらに似ているか。

正しいのは？

Ⓐ アサガオに似ている。
Ⓑ ヘチマに似ている。
Ⓒ どちらにも似ていない。

🔵 カボチャもヘチマと同じように，おばなとめばなをつける植物です。

🔵 おばなとめばなの花のつくりは，右の図のようです。どちらも，5まいの花びらがもとのほうでくっついています。そして，おばなの中心にはおしべがあり，めばなの中心にはめしべがあります。また，めばなには子ぼうがあり，ふくらんでいます。

🔵 おばなとめばなをつける植物には，ヘチマやカボチャのほかに，**ツルレイシ，ヒョウタン，キュウリ，スイカ，トウモロコシ**などがあります。 答 Ⓑ

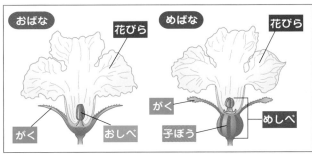

カボチャのおばなとめばなのつくり

ふくらみ（子ぼう）があるほうがめばなだよ。

4 考えよう アサガオのおしべとめしべの先にさわるとどんな感じがする？

正しいのは？

Ⓐ めしべの先はねばねばしている。
Ⓑ おしべの先はねばねばしている。
Ⓒ どちらもさらっとしている。

観察 アサガオのおしべとめしべの先を虫めがねで観察しましょう。また，指でさわってみましょう。

🔵 おしべの先には，ふくろのようなものがあり，さわると指に粉のようなものがつきます。この粉のようなものは**花粉**といい，おしべの先でつくられます。

🔵 めしべの先は，だんごのような形をしています。この部分は，さわるとねばねばしています。花が開いためしべの先には花粉がくっついており，めしべの先のねばねばは，花粉がつくのに役に立ちます。答 Ⓐ

たいせつポイント 花 ┃ アサガオ…外から順に，がく・花びら・おしべ・めしべ。
┃ ヘチマ・カボチャ…おしべをもつおばなとめしべをもつめばな。

5 考えよう アサガオの花粉は、どのような形をしているだろうか。

正しいのは?

A 細長いはりのような形をしている。

B 丸いボールのような形をしている。

C 四角い箱のような形をしている。

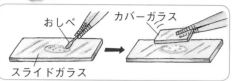
おしべ　カバーガラス
スライドガラス

観察　さいているアサガオの花のおしべをつみとり、おしべの先をスライドガラスにこすりつけます。そして、カバーガラスをかけ、けんび鏡で観察します。

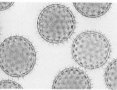
アサガオの花粉（100倍）

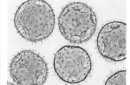
カボチャの花粉（100倍）

スギの花粉（100倍）

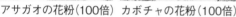

ヘチマの花粉（100倍）

トウモロコシの花粉（100倍）

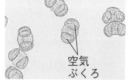
空気ぶくろ
マツの花粉（100倍）

○ アサガオの花粉は、左の写真のように、丸いボールのような形をしています。そして、表面は少しでこぼこしており、毛のようなものがついています。

○ いろいろな植物の花粉を観察すると、植物の種類によって、花粉の形や大きさがちがうことがわかります。　答 **B**

6 考えよう めしべでは、花粉はつくられないのだろうか。

正しいのは?

A めしべでもつくられる。

B めしべでは、つくられない。

C 植物の種類によってちがう。

アサガオのめしべの先（つぼみのとき）

花粉
（花がさいているとき）

○ さいているアサガオの花のめしべには花粉がついていますが、つぼみのときのめしべの先には、花粉はついていません。

○ めしべの先についている花粉は、おしべの先でつくられた花粉がついたものなのです。

○ アサガオだけでなく、植物のめしべの先で観察される花粉は、おしべの先でつくられたものがくっついたものなのです。　答 **B**

たいせつポイント　花粉 { 形や大きさは、植物の種類によって決まっている。　おしべの先でつくられ、めしべではつくられない。

2 実のでき方

 1 考えよう 花粉は，どのようにして，めしべまで運ばれるのだろうか。

正しいのは？
A 花に雨がたまって，ういていく。
B 花粉から糸が出て，めしべにくっつく。
C 風や虫などによって運ばれる。

● おしべの先でできた花粉が，めしべの先につくことを受粉といいます。

● 受粉するためには，おしべからめしべまで花粉が移動しなければいけませんが，花粉は自分で動くことはできません。

● そこで，おもに，ミツバチやチョウなどの虫や風によって運ばれて，めしべの先につきます。

● 花粉が虫によって運ばれるか，それとも風によって運ばれるかは，植物の種類によって，次のように決まっています。

① 花粉が虫に運ばれる花（虫ばい花）…カボチャ，ヘチマ，ツルレイシ，リンゴ，コスモスなど。

② 花粉が風に運ばれる花（風ばい花）…トウモロコシ，イネ，ススキ，スギ，マツなど。 **答 C**

シロツメクサにきたミツバチ

風で飛ぶスギの花粉

 もっとくわしく
アサガオの受粉…アサガオは，つぼみが大きくなっていくとき，つぼみの中でおしべとめしべが成長し，そのときに受粉します。ですから，花が開いたアサガオのめしべは，すでに受粉しているのです。

花粉が鳥に運ばれる花…植物には，ツバキのように花粉を鳥に運んでもらう花もあります。このような花を鳥ばい花とよんでいます。

花粉が水に運ばれる花…水の流れで花粉が運ばれて受粉する花もあります。花粉が散ると水の流れによって流され，別の花について受粉します。このような花を水ばい花といい，ヤナギモ，クロモ，キンギョモなどがあります。

花粉が虫に運ばれる花には，きれいな花びらがあるよ。

 たいせつポイント 花 粉 ｛虫に運ばれる…カボチャ，ヘチマ，コスモスなど
｛風に運ばれる…トウモロコシ，イネ，スギなど

2 考えよう 花粉がめしべの先につくと，どうなるだろうか。

正しいのは？

A めしべの子ぼうが大きくなって，実ができる。
B めしべから栄養をもらい，花粉が大きくなる。
C 花粉が大きくなって，実になる。

● めしべの先に花粉がつくと（受粉すると），めしべのもとのほうにある子ぼうが大きく育って実となり，その中にたねができます。

● ただし，実やたねができるのは，同じ種類の花の花粉を受粉したときだけです。同じ種類であれば，別のかぶの花の花粉でもかまいません。

● アサガオとヘチマのように，ちがう種類の花の花粉がめしべの先についても，実やたねはできません。

答

3 考えよう アサガオの花では，受粉はふつういつ起こるのだろうか。

正しいのは？

A 花がさく前につぼみの中で起こる。
B 花がさいてから花粉が虫に運ばれて起こる。
C 花がしぼんでからつぼみの中で起こる。

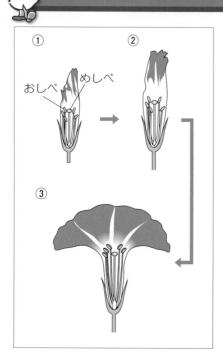

① ② おしべ めしべ

③

観察 アサガオのわかいつぼみの花びらを切りとって，おしべとめしべを観察し，花がさいたときのようすとくらべてみましょう。

● アサガオのおしべとめしべは，つぼみの中で成長していきます。

● はじめは，めしべのほうが成長が速いので，わかいつぼみでは，めしべのほうがのびています。その後，おしべの成長が速くなり，さいた花では，おしべのほうがのびています。

● そのため，アサガオの受粉は，つぼみの中で次のようにして起こります。

① つぼみの中でおしべとめしべが成長する。
② おしべがさらに成長して，のびていくときに花粉がめしべの先にくっつく。
③ 受粉してから花がさく。

答

4 考えよう 受粉前のアサガオのおしべをとって，ふくろをかけたらどうなるか。

正しいのは？

Ⓐ 花がさかない。

Ⓑ 花はさくけど，実ができない。

Ⓒ 花がさいて，実もできる。

実験 受粉しないと実ができないかどうか，次のようにして調べましょう。

① 次の日にさきそうなアサガオのつぼみを2個選んで，それぞれ中ほどを切り開き，ピンセットでおしべを全部とる。

② ふくろをかける。

③ よく朝花がさいたら，一方の花だけふくろをとって，めしべの先にほかの花の花粉をつける。そして，再びふくろをかける。

④ 花がしぼんだらふくろをとって，それぞれ実ができるかどうか観察する。

● 実験の結果，花粉をめしべの先につけた花では実ができましたが，つけなかった花ではできませんでした。

● この実験から，実ができるためには，受粉が必要なことがわかります。

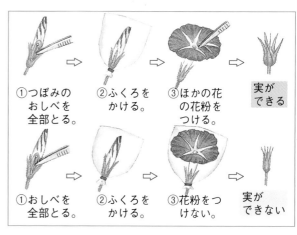

① つぼみのおしべを全部とる。 ② ふくろをかける。 ③ ほかの花の花粉をつける。 実ができる

① おしべを全部とる。 ② ふくろをかける。 ③ 花粉をつけない。 実ができない

アサガオでは，つぼみの中で受粉が起こるから，つぼみのうちにおしべを全部とるんだよ。

答 Ⓑ

5 考えよう ヘチマのめばなのつぼみにふくろをかけたらどうなるだろうか。

正しいのは？

Ⓐ 花がさいて，実ができる。

Ⓑ 花はさかないけど，実はできる。

Ⓒ 花はさくけど，実はできない。

● 受粉しないと実ができないことを，ヘチマを使ってもう一度調べてみましょう。

● ヘチマのめばなのつぼみを2個選び，図のようにして，かた方は受粉させ，もう一方は受粉させません。すると，受粉しためばなでは子ぼうが大きくなって実ができますが，受粉しなかっためばなでは実ができません。

● このように，ヘチマでも，受粉しないと実はできません。ヘチマのかわりにカボチャで実験しても，同じ結果になります。

答 Ⓒ

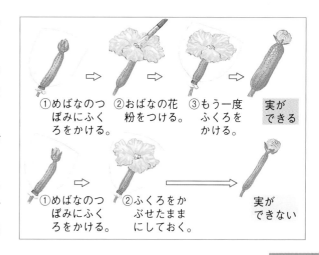

① めばなのつぼみにふくろをかける。 ② おばなの花粉をつける。 ③ もう一度ふくろをかける。 実ができる

① めばなのつぼみにふくろをかける。 ② ふくろをかぶせたままにしておく。 実ができない

6 考えよう アサガオの花は，しぼんだあとどうなるだろうか。

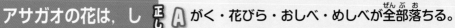

正しいのは？

A がく・花びら・おしべ・めしべが全部落ちる。

B めしべだけ残して，そのほかは全部落ちる。

C めしべとがくは残り，そのほかは全部落ちる。

子ぼうが大きくなっていくんだね。

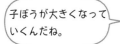

○ 受粉したあとさいたアサガオの花は，昼すぎにはしぼんでしまいます。そしてその後，しぼんだ花びらとおしべはぬけ落ち，めしべとがくだけが残ります。

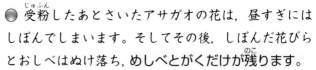

○ 残っためしべの先のほうは，しだいにかれていきますが，めしべのもとにある子ぼうは逆に大きくなり，緑色をした実になります。

○ 実がじゅくすと，皮は茶色になり，中に3〜6個の黒いたねができます。 **答 C**

7 考えよう 受粉してできたたねから，また花がさいてたねができるか。

正しいのは？

A 花はさくけど，たねはできない。

B 花もさき，たねもできる。

C 花もさかないし，たねもできない。

たね

受精卵

受粉

受精

受精卵

たね

○ 受粉してできたたねは，適当な条件になると発芽し，成長して，再び花をさかせます。そして，受粉して，たねをつくります。

○ これをくり返すことで，生命が受けつがれていくのです。

○ たねができて生命が受けつがれていくのは，メダカや人など，動物の子どもがうまれて生命が受けつがれていくのと同じです。 **答 B**

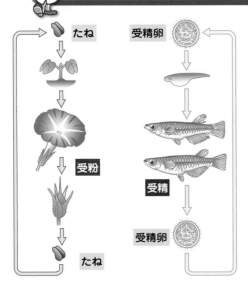

もっとくわしく

植物では，受粉しなかった花にはたねができませんが，これは，受精しなかった動物のたまごや卵が成長しないのと同じです。花粉やめしべの子ぼうの中には生命のもとになるものがあり，それらがいっしょになってはじめて生命がたん生するのです。

たいせつポイント **受粉** 花粉がめしべの先につくことを受粉という。
受粉すると，子ぼうが育って実になり，たねができる。

教科書のドリル

答え → 別さつ**8**ページ

1 次の図は、アサガオの花のつくりを示したものです。あとの問いに答えなさい。

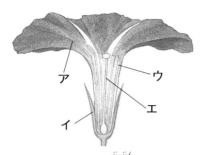

(1) 図の中のア〜エの部分の名前を、それぞれ答えなさい。

ア（　　　　）イ（　　　　）
ウ（　　　　）エ（　　　　）

(2) エのもとのふくらんでいる部分を何といいますか。　　　　（　　　　）

2 次の図は、ヘチマのおばなとめばなのつくりを示したものです。あとの問いに答えなさい。

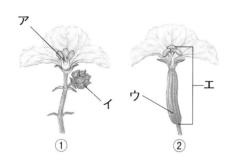

①　　　　　　　②

(1) 上の図で、おばなは①、②のどちらですか。

（　　　　）

(2) 図の中のア〜エの部分の名前を、それぞれ答えなさい。

ア（　　　　）イ（　　　　）
ウ（　　　　）エ（　　　　）

3 ヘチマの花のように、おばなとめばなをつける植物を、次のア〜オから2つ選びなさい。

（　　　）（　　　）

ア　カボチャ　　　　　イ　イネ
ウ　コスモス　　　　　エ　アブラナ
オ　ツルレイシ

4 下のア〜ウの図は、植物の花粉をけんび鏡で見てスケッチしたものです。アサガオとヘチマの花粉をそれぞれ選び、記号で答えなさい。

アサガオ（　　　）ヘチマ（　　　）

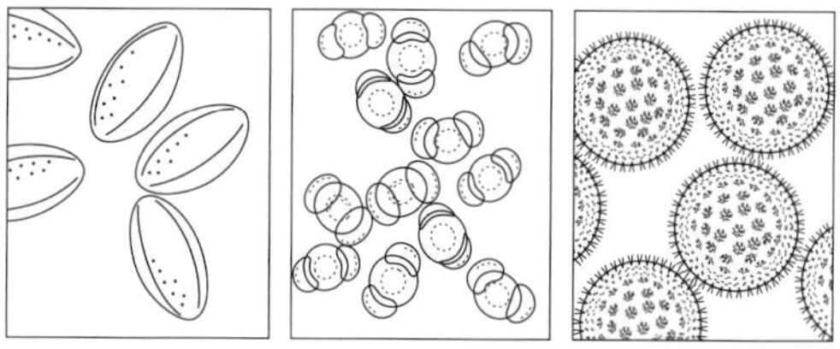

ア　　　　　　イ　　　　　　ウ

5 次の文の（　）に当てはまることばを書きなさい。

(1) アサガオは、おしべの先にあるふくろのような所で（　　　　）をつくる。

(2) アサガオのめしべの先の部分は、さわると（　　　　）している。

(3) （　　　　）とは、花粉がめしべの先につくことである。

(4) ヘチマの花の花粉は、（　　　　）によって運ばれる。

(5) めしべの先に花粉がつくと、（　　　　）が大きくなって実となる。

(6) アサガオの実の中には（　　　　）が3〜6個できている。

テストに出る問題

答え → 別さつ8ページ

時間**30**分　合格点**80**点

得点 ／**100**

1 次の図1は，アサガオの花のつくりを表したもので，図2と図3は，ヘチマの花のつくりを表したものです。あとの問いに答えなさい。　[合計43点]

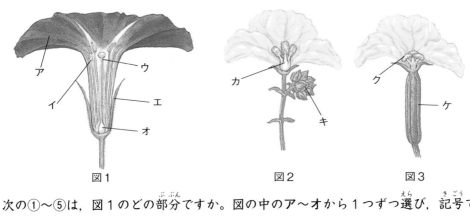

図1　　　　　　　図2　　　　　　　図3

(1) 次の①〜⑤は，図1のどの部分ですか。図の中のア〜オから1つずつ選び，記号で答えなさい。　[各3点] ①おしべ〔　　　〕 ②めしべ〔　　　〕 ③花びら〔　　　〕
④子ぼう〔　　　〕 ⑤がく〔　　　〕

(2) 図2と図3の花は，それぞれ何といいますか。
[各4点] **図2**〔　　　〕 **図3**〔　　　〕

(3) 図1のイと同じはたらきをするものを，図2と図3のカ〜ケから1つ選び，記号で答えなさい。　[5点]〔　　　〕

(4) 図1のウと同じはたらきをするものを，図2と図3のカ〜ケから1つ選び，記号で答えなさい。　[5点]〔　　　〕

(5) アサガオとヘチマの花で，実になる所はどこですか。図1〜図3のア〜ケから，それぞれ1つずつ選び，記号で答えなさい。
[各5点] ①**アサガオ**〔　　　〕 ②**ヘチマ**〔　　　〕

2 次の文のうち，正しいものには○を，まちがっているものには×を，〔　〕に書きなさい。
[4点ずつ…合計24点]

① 〔　　〕 花粉はめしべでつくられている。
② 〔　　〕 アブラナには，おばなとめばながある。
③ 〔　　〕 カボチャには，おばなとめばながある。
④ 〔　　〕 おばなとめばながある植物では，おばなとめばなの両方に実ができる。
⑤ 〔　　〕 受粉した花では，めしべのもとにある子ぼうが大きくなって実ができる。
⑥ 〔　　〕 カボチャのめしべの柱頭にアサガオの花粉がつくと実ができる。

3 下の図は，いろいろな花の花粉をけんび鏡で観察し，スケッチしたものです。あとの問いに答えなさい。
[5点ずつ…合計15点]

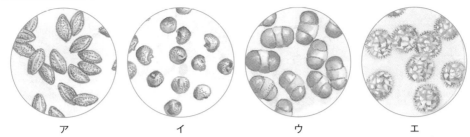

ア　　　　　　　イ　　　　　　　ウ　　　　　　　エ

(1) ヘチマとマツの花粉はどれですか。ア～エからそれぞれ1つずつ選び，記号で答えなさい。　　　①ヘチマ〔　　　〕　　②マツ〔　　　〕

(2) マツの花粉は，どのようにして運ばれますか。次のア～エから1つ選び，記号で答えなさい。〔　　　〕

　ア　風によって運ばれる。
　イ　ミツバチやチョウなどの虫によって運ばれる。
　ウ　人が運ばないと，受粉はおこなわれない。
　エ　花がさくときに受粉がおこなわれているので，運ばれる必要はない。

4 花粉のはたらきを調べるために，ヘチマを使って次のような実験をおこないました。あとの問いに答えなさい。
[合計18点]

〔実験〕次の日にさきそうなヘチマのめばなのつぼみを3個選び，右の図のようにふくろをかけ，花がさいてから，次のA～Cのようにしました。

　A　ふくろをとって，めしべの先にヘチマの花粉をつけ，再びふくろをかぶせる。
　B　ふくろをとって，めしべの先にアサガオの花粉をつけ，再びふくろをかぶせる。
　C　そのまま何もしないで，ふくろをかぶせたままにしておく。

(1) つぼみのうちに，めばなにふくろをかぶせておくのはなぜですか。その理由をかんたんに説明しなさい。[8点]〔　　　　　　　　　　　　　　　　　　　〕

(2) 実ができるのはどれですか。上のA～Cから1つ選び，記号で答えなさい。
[5点]〔　　　〕

(3) この実験からわかることとして適当なものを，次のア～ウから1つ選び，記号で答えなさい。
[5点]〔　　　〕
　ア　受粉がおこなわれなくても，実はできる。
　イ　同じ種類の花の花粉によって受粉されたときだけ実ができる。
　ウ　ちがう種類の花の花粉がめしべの先についても実はできる。

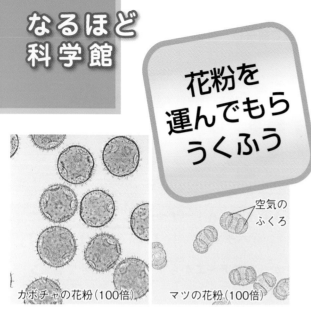

なるほど科学館

花粉を運んでもらうくふう

カボチャの花粉（100倍）　マツの花粉（100倍）

空気の
ふくろ

▷ 虫に運ばれる花粉と風で運ばれる花粉とでは，花のつくりや花粉の形，大きさなどにちがいがあります。

▷ 虫に花粉を運んでもらうためには，虫を花におびきよせなくてはいけません。そこで，虫のすきなあまいみつを出したり，きれいな花びらで虫を集めます。そして，花粉が虫にくっつきやすいように，花粉のまわりにべとべとする油がついていたり，とげがついていたりします。

▷ いっぽう，風に花粉を運んでもらう花は，虫をおびきよせる必要がないので，きれいな花びらはありませんし，みつも出していません。花粉は，風で飛びやすいように，小さく，軽くなっています。

▷ このように，花粉が運ばれやすいように，花はいろいろなくふうをしています。花のなかには，ツバキやビワなど，鳥に花粉を運んでもらうものもあります。

イネの花と実

▷ 8月に田んぼに行ってイネを観察すると，ほが出ているのが見られます。イネのほは，花のつぼみがたくさん集まったものです。

▷ イネの花は，下の図のようなつくりをしています。イネの花には，花びらとがくはありません。6本のおしべと1本のめしべが，えいという2まいのからにつつまれています。

▷ イネの花は，晴れた日の10時ごろから，たったの1時間くらいしか開きません。そして，その短い時間の間に，花粉が風に飛ばされて受粉します。

▷ 受粉すると，えいがすぐとじてしまい，おしべはすべてえいの外にしめ出されてしまいます。そして，えいの中では子ぼうがだんだん太って，受粉してから約4週間で実（コメ）になります。

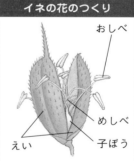

イネの花のつくり

おしべ

めしべ

えい

子ぼう

イネの花

7 天気の変化（2）

教科書の
まとめ

☆ 最大風速が秒 速17.2m以上のものを台風という。

台風の目

☆ 台風による強い風や大雨で，こう水が起きたり，家がこわされたりする。

台風によるひ害

〔強風によるひ害〕　　　〔大雨によるひ害〕

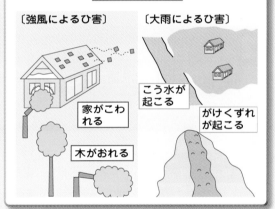

家がこわれる

木がおれる

こう水が起こる

がけくずれが起こる

☆ 台風は，南の海上で発生し，南から北へと動いていく。

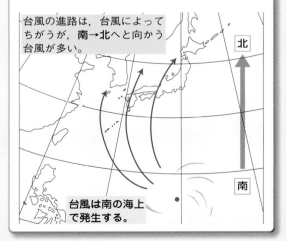

台風の進路は，台風によってちがうが，南→北へと向かう台風が多い。

北

南

台風は南の海上で発生する。

☆ 冬の天気は，日本海側では雪，太平洋側では晴れ。

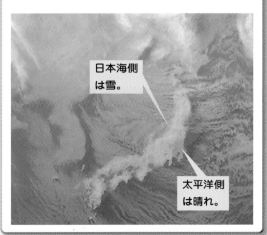

日本海側は雪。

太平洋側は晴れ。

1 台風の動きと天気の変化

1 考えよう　台風か台風でないかは，何によって決まっているのだろうか。

正しいのは？

Ａ　雨の量で決まっている。

Ｂ　風の強さで決まっている。

Ｃ　災害の大きさで決まっている。

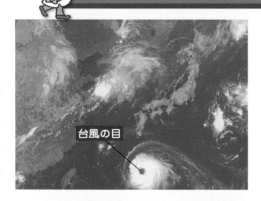

台風の目

◯ 夏から秋にかけて日本にやってくる台風は，日本の南のほうの海上で発生します。

◯ 台風というのは，中心付近の最大風速が秒速17.2m以上のものをいいます。

◯ 台風の雲は，左の写真のように，うずまき状をしています。発達した台風になると，雲の中心がすっぽりとあいているのが見られます。これを，台風の目といいます。　　　　　　　　　　　　　　　答 Ｂ

2 考えよう　台風の雲は，どちらの方向からどちらの方向へと動くか。

正しいのは？

Ａ　南から北へと動くことが多い。

Ｂ　春の雲のように，西から東へ動く。

Ｃ　必ず，東から西へ動く。

日本付近では，南→北へと東よりに進む。

北

台風は南の海上で発生する。

南

◯ 春の雲は西から東へと動いていきますが，台風の雲はちがいます。

◯ 台風の雲の動きは，台風によってちがいますが，おおまかには，南のほうから北のほうへと動いていきます。

◯ 下の写真は，台風の雲の連続写真で，その台風の中心が通ったあとを示したのが左の図です。まず，西のほうへと進み，日本付近にきたら，南から北へと東よりに進んでいくのがわかります。　　　　　答 Ａ

 ▶  ▶

3 考えよう 台風が近づくにつれて，雨や風の強さは，どうなるか。

正しいのは？

A 雨は強くなるけど，風は弱くなる。

B 雨は弱くなるけど，風は強くなる。

C 雨も風も強くなる。

◯ 台風の雲は，大雨をふらせたり，強い風をふかせたりします。

◯ 雨のふる地いきや風のふく地いきは，台風の雲が動くのにつれて，いっしょに動いていきます。

◯ 右の図は，台風の雲が移動していくのにつれて，雨の強い地いきが移っていくようすを示したものです。

◯ また，台風のときの風は，台風の通過にともなって，ふいてくる向きが少しずつ変わっていきます。

◯ 台風の目がちょうどま上にきたときは，雨も風もやみますが，台風の目が通り過ぎると，再び強い雨，風になるので，注意が必要です。 **答 C**

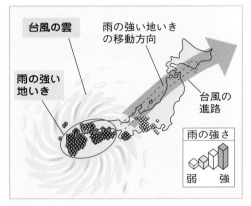

台風の進路と強い雨の地いきの移動のようす

4 考えよう 台風の大雨は，私たちの生活にどのようなえいきょうがあるか。

正しいのは？

A こう水などのひ害があるだけ。

B 生活には，えいきょうはない。

C ひ害だけでなく，水不足の解消に役立つ。

◯ 台風の大雨によって川がはんらんし，こう水が起き，あふれた水が家の中にまで入ってきたりすることがあります。がけくずれが起こることもあります。

◯ また，台風の強い風によって，木がたおされたり，家がこわされたりするひ害が出ることもあります。

◯ いっぽう，夏の間の雨不足によって水がたりなくなることがありますが，台風の大雨によって，水不足が解消されることもあります。 **答 C**

台風でたおれた木

はんらんした川

たいせつポイント **台風**〔 南の海上で発生し，南から北へと動いていく。
大雨や強風によるひ害もあるが，水不足の解消に役立つ。

2 秋と冬の天気

1 考えよう 秋のころの天気は，どのように変わっていくのだろうか。

正しいのは？
- **A** 晴れた日が続く。
- **B** 春のように，西から東へ移っていく。
- **C** 台風のときのように，南から北へ移る。

秋のころの天気は，西のほうの天気や雲のようすから予想することができるよ。

- ○ 秋のころの雲の動きと天気の変化のようすは，春のころとよく似ています。

- ○ つまり，雲が西から東へと動いていき，それにともなって，雨のふる地いきも西から東へと移っていきます。

- ○ また，天気は不安定で，3〜4日ごとに雨の日と晴れの日がくり返されます。秋晴れの空は，春とはちがってすみわたった青空になります。　**答 B**

2 考えよう 冬のころの天気の特ちょうは，どんなだろうか。

正しいのは？
- **A** 日本海側は雪，太平洋側は晴れが多い。
- **B** 東日本は雪，西日本は晴れが多い。
- **C** 北海道と東北は雪，その他は晴れが多い。

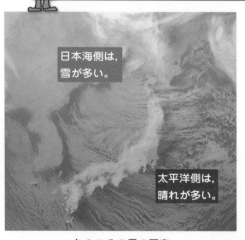

日本海側は，雪が多い。

太平洋側は，晴れが多い。

冬のころの雲の写真

観察 テレビや新聞やインターネットを使って，冬の雲のようすを調べましょう。

- ○ 典型的な冬のころの雲のようすは，左の写真のようです。日本海側にすじ状の雲がたくさんあり，太平洋側には雲があまりありません。このようになるのは，日本海の空で，冷たくしめった空気からできた雲が，山でさえぎられて太平洋側にくることができないからです。

- ○ そのため，冬は，日本海側では雪の日が多く，太平洋側では晴れの日が多くなります。　**答 A**

たいせつポイント **天気の特ちょう**
- 秋…**天気が西から東へと移っていく。**
- 冬…**日本海側は雪，太平洋側は晴れ。**

教科書のドリル

答え → 別さつ9ページ

❶ 下の写真は，人工衛星からさつえいされた雲の画像です。次の問いに答えなさい。

(1) Aのような，うずまき状をした雲は何の雲ですか。ただし，中心付近の最大風速は，秒速17.2m以上であるものとします。
（　　　　　）

(2) Aは，このあとどちらへ移動していきますか。図の中のア～エから最も近いものを選び，記号で答えなさい。（　　　）

(3) Aが近づくにつれて，雨の量や風の強さはどのように変化していきますか。
雨の量（　　　　　）
風の強さ（　　　　　）

❷ 台風のえいきょうについて説明した次の文の（　）に当てはまることばを答えなさい。

　台風の大雨によって①（　　　）やがけくずれが起きたり，台風の強い②（　　　）によって木がたおされたり，家がこわされたりするひ害が出ることもあります。いっぽう，台風の大雨によって③（　　　）が解消されることもあります。

❸ 秋のころの天気について説明した文を，次のア～オから2つ選び，記号で答えなさい。　（　　　）（　　　）

ア　むし暑い晴れた日が続く。

イ　雨の日が長く続く。

ウ　3～4日ごとに雨の日と晴れの日がくり返される。

エ　雲が西から東へ動いていくので，天気も西から東へ変化していく。

オ　雲が南から北へ動いていくので，天気も南から北へ変化していく。

❹ 下の写真は，ある季節に人工衛星からさつえいされた雲の画像です。次の問いに答えなさい。

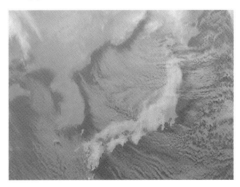

(1) この写真をさつえいした季節はいつですか。ア～エから選びなさい。（　　　）

ア　春　　イ　夏　　ウ　秋　　エ　冬

(2) この季節の日本の日本海側の天気と，太平洋側の天気の説明として適当なものを，次のア～エから選び，記号で答えなさい。

ア　晴れの日が多く，かんそうしている。

イ　晴れの日が多く，むし暑い。

ウ　長い間，雨がふり続く。

エ　雪がふる日が多い。

日本海側（　　　）　太平洋側（　　　）

テストに出る問題

1 下の写真は，ある連続した3日間の同じ時こくに，人工衛星によってさつえいされた台風の画像です。次の問いに答えなさい。ただし，①～③の写真は，日づけの順にならんでいません。

[合計35点]

① 　② 　③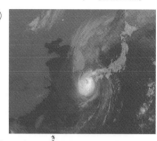

(1) 同じようなうずまき状の雲で，台風か台風でないかは，どのようにして決めていますか。次のア～エから1つ選び，記号で答えなさい。　　　　　[5点] 〔　　　〕

　ア　中心付近の雨量が，1時間で10mm以上になったものを台風という。

　イ　中心付近の最大風速が，秒速17.2m以上になったものを台風という。

　ウ　うずまき状の雲の直径が100km以上になったものを台風という。

　エ　うずまき状の雲の高さが10km以上になったものを台風という。

(2) 台風の雲の中心に，あなのようにすっぽりあいている部分が見られますが，この部分を何といいますか。　　　　　　　　　　　　　　[5点] 〔　　　〕

(3) (2)がちょうどま上にきたとき，一時的に雨や風はどのようになりますか。かんたんに説明しなさい。　　　　　　　　　　[7点] 〔　　　〕

(4) ①～③の写真を，日づけの順にならべ変えなさい。[8点] 〔　　　→　　　→　　　〕

(5) この台風は，日本の南東の海上で発生しました。このときの台風の動き方について説明した文の〔　〕に当てはまることばを答えなさい。　[各5点] ①〔　　　〕 ②〔　　　〕

　　台風は，まず，西のほうへと進み，日本付近にきたら，①〔　　　〕から②〔　　　〕へと東よりに進んでいる。

2 次の(1)～(5)の文で，正しいものには○，まちがっているものには×と答えなさい。

[5点ずつ…合計25点]

(1) 台風が近づいてくると，雨や風は強くなっていく。

(2) 台風が通過するときは，つねに強い南風がふいている。

(3) 台風は多くのひ害もひき起こすが，台風の大雨によって水不足が解消されることもある。

(4) 冬は，太平洋側から冷たくしめった空気が日本にふきつける。

(5) 秋のころの天気は，春のころの天気によく似ている。

(1)〔　　〕 (2)〔　　〕 (3)〔　　〕 (4)〔　　〕 (5)〔　　〕

3 右の写真は，ある秋の日に，人工衛星によってさつえいされた雲の画像です。次の問いに答えなさい。
［合計20点］

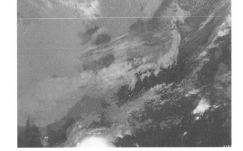

(1) 秋のころの日本付近の雲は，どちらからどちらへ移動していくことが多いですか。次のア〜エから1つ選び，記号で答えなさい。
［6点］〔 　　　 〕

ア　東から西へ

イ　西から東へ

ウ　南から北へ

エ　北から南へ

(2) この雲の画像をさつえいした日から次の日にかけて，東京の天気はどのように変化したと考えられますか。次のア〜エから1つ選び，記号で答えなさい。 ［6点］〔 　　　 〕

ア　ずっと晴れている。

イ　ずっと雨がふっている。

ウ　晴れていたが，しだいにくもってきて，やがて雨がふりだす。

エ　雨がふっていたが，しだいに雨がやんできて，やがて晴れてくる。

(3) 秋の日本付近の天気の特ちょうを，かんたんに説明しなさい。
［8点］〔 　　　　　　　　　　　　　　　　　　　　　　　　　　　　　　 〕

4 右の写真は，ある季節に人工衛星によってさつえいされた雲の画像です。次の問いに答えなさい。
［合計20点］

(1) この写真をさつえいした季節はいつですか。
［6点］〔 　　　 〕

(2) この季節の日本の天気のようすは，どのようになっていますか。次のア〜エから1つ選び，記号で答えなさい。 ［6点］〔 　　　 〕

ア　2〜3日おきに晴れの日と雨の日がくり返される。

イ　むし暑い晴れた日が続く。

ウ　雨の日が多く，じめじめした日が続く。

エ　太平洋側は晴れの日が多く，日本海側は雪の日が多い。

(3) この季節に，(2)のような天気になる理由をかんたんに説明しなさい。
［8点］〔 　　　　　　　　　　　　　　　　　　　　　　　　　　　　　　 〕

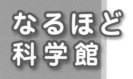

なるほど
科学館

台風の
風の速さ

▷台風は，最大風速が秒速17.2m以上のものをいいます。風速というのは，10分間の風の速さの平均です。では，秒速17.2mというのは，どれくらいの強さの風なのでしょうか。

▷秒速を時速に直すとわかりやすいので，直してみましょう。1時間は3600秒なので，

$$17.2 \times 3600 = 61920 \,(m)$$

これをkmに直すと，

$$61920 \div 1000 = 61.92 \,(km)$$

で，時速61.92kmとなります。つまり，自動車でふつうの道の制限速度いっぱいの速さで走っているとき受けるのと同じくらいの強さの風なのです。

▷これまでの日本での最大風速は，1965年，高知県の室戸みさきで観測された秒速69.8mです。これは，時速に直すと251.28kmという，新幹線なみの速さの風です。（しゅん間的な風の速さの日本記録は，宮古島の秒速85.3mです）

台風の風でなびく木

▷空気中には，ふつう，電流は流れません。しかし，とても強い電流だと，火花を飛ばしながら，しゅん間的に空気中を流れることがあります。

▷夏に多く発生する積乱雲（入道雲）は，かみなりをよく起こすので，かみなり雲ともいいます。積乱雲が発達すると，雲の中にプラスとマイナスの電気ができます。そして，そのプラスとマイナスの間に電流が流れると，大きな音を出しながら火花が飛びます。このときに出る火花がいなずまで，ゴロゴロッという大きな音がらい鳴です。

▷かみなりの正体が電気の火花だということは，アメリカのフランクリンが発見しました。

かみなりの
の正体

8 流れる水のはたらき

教科書のまとめ

⭐ 水の流れが速いほど，地面をけずり，土を運ぶはたらきが大きい。

流れが速い所	流れがおそい所
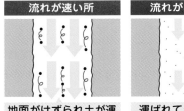

地面がけずられ土が運ばれる（しん食，運ぱん）　運ばれてきた土が積もる（たい積）

⭐ 川の曲がっている所では，外側はがけになり，内側は川原になる。

内側は流れがおそい。
↓
運ばれてきた小石が積もって川原になる。

外側は流れが速い。
↓
川底や岸がけずられて，がけになる。

⭐ 流れる水の量が多いほど，地面をけずり，土を運ぶはたらきが大きい。

水の量が多いとき	水の量が少ないとき

流れが速い　流れがおそい

地面がけずられ土が運ばれる（しん食，運ぱん）　運ばれてきた土が積もる（たい積）

⭐ 大雨で川の水が急にふえたとき，遊水地に一時的に水をためてこう水を防ぐ。

平常時　こう水時

⭐ 上流から下流にいくほど，水の流れはゆるやかになる。

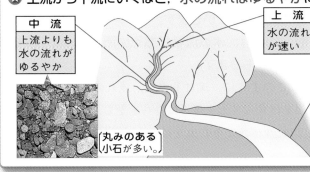

中流
上流よりも水の流れがゆるやか

上流
水の流れが速い

角ばった大きな石が多い。

丸みのある小石が多い。

下流
水の流れがゆるやか

丸みのある小石やすなが多い。

1 流れる水と地面

1 考えよう

下の写真のように，川の水がにごっているのは，なぜだろう

正しいのは？
- A 生活はい水がまざったから。
- B 水が岸の土をけずって運んでいるから。
- C 川の底の土の色が見えているから。

● 雨がふったあとなどに，左の写真のように，川の水がにごることがあります。これは，川の水が川岸の土をけずって，けずった土を運んでいるからです。

● 同じようなことが，学校の校庭などでも見られます。雨がしばらくふり続いたりすると，校庭を水が流れますが，このとき，流れる水がにごっていることがあります。

● そのにごり水をコップにとってしばらくおくと，下のほうに土がたまります。つまり，雨水は，流れるときに地面をけずり，けずった土を運んでいたのです。

しばらくおく

答 B

2 考えよう

流れる水の速さによって，水のはたらきは変わるだろうか。

正しいのは？
- A 流れが速いほど，多くの土を運ぶ。
- B 流れがおそいほど，多くの土を運ぶ。
- C 流れの速さと水のはたらきは関係ない。

実験 土で山をつくってまっすぐに水を流し，流れが速い所とおそい所とで，水のはたらきがどうなるのか調べます。

● 水の流れが速い所では，地面がけずられ，けずられた土が流れていきます。

● いっぽう，水の流れがおそい所では，流されてきた土が積もります。

● このように，流れる水は，流れの速い所では，地面をけずって土を運ぶはたらきをし，流れのおそい所では，運ばれてきた土を積もらせるはたらきをします。

流れが速い所	流れがおそい所

地面がけずられ，土が運ばれる。

流されてきた土が積もる。

答 A

3 考えよう　曲がって流れている所では，どちら側がけずられるだろうか。

正しいのは？
Ⓐ 外側がけずられる。
Ⓑ 内側がけずられる。
Ⓒ 外側も内側もけずられる。

実験　木くずを水にうかせて流し，水が曲がって流れている所での，流れる水の速さやはたらきについて，外側と内側とでくらべましょう。

外側は，けずられる。

内側には，たまる。

⬤ 木くずを水にうかせて流すと，流れの外側と内側とでは，外側のほうが流れが速く，内側は流れがおそいのがわかります。

⬤ そして，流れる水のはたらきによって，流れの外側はどんどんけずられ，土が流されます。また，流れの内側には土がたまります。　答 Ⓐ

4 考えよう　流れる水の量が多くなると，流れる速さはどうなるか。

正しいのは？
Ⓐ 変わらない。
Ⓑ おそくなる。
Ⓒ 速くなる。

実験　水の量が多いときと少ないときとで，流れる水の速さをくらべます。また，そのときの水のはたらきのちがいも調べます。

⬤ 流れる水の量が多くなると，木くずが速く流れます。このことから，水の量が多いほうが，流れる速さは速いことがわかります。

⬤ また，流れる水の量が多いほうが，地面をけずったり，けずった土を運んだりするはたらきが大きくなります。曲がっている所では，地面がおし流され，流れが変わることさえあります。　答 Ⓒ

水が少ないとき	水が多いとき

流れがおそい。　流れが速い。

たいせつポイント　流れる水のはたらき
流れが速い所では，地面をけずり，土を運ぶ。
流れがおそい所では，流れてきた土を積もらせる。

2 川の水のはたらき

考えよう 川の水は，流れる速さによって，物を流す力が変わるか。

正しいのは？
A 流れが速くなると，小さくなる。
B 変わらない。
C 流れが速くなると，大きくなる。

はじめのようす

土　すな　小石

流れの速い所　　流れのおそい所

深い所でしてはいけません。

実験 板の上に小石とすなと土を分けてのせ，水平にしたまま，そっと川の流れの中に入れ，それらの流れるようすを観察します。これを，川の流れの速い所とおそい所でくらべてみましょう。

● まっすぐな川の流れは，岸に近い所でおそく，中央部へ行くほど速くなります。

● 流れの速い所では小石やすなも流されますが，流れのおそい所では，土は流されても，小石やすなはあまり流されません。

● このように，川の水でも，水の流れが速くなると，物を運ぶはたらき（運ぱん）が大きくなります。

答 C

考えよう 川が曲がっている所では，外側と内側はどんなようすだろう？

正しいのは？
A 外側は川原，内側はがけ。
B 外側はがけ，内側は川原。
C 外側も内側も川原。

内側は，流れがおそく，浅い。

外側は，流れが速く，深い。

● 川が曲がっている所での水の流れるようすは，81ページの実験と同じで，次のようなちがいがあります。

外側…水の流れが速いため，川底や岸がけずられる。（しん食）

内側…水の流れがおそいため，運ばれてきた丸みのある小石などが積もる。（たい積）

● そのため，次のようなちがいがあります。

外側の岸…がけになっていることが多い。

内側の岸…川原になっていることが多い。

答 B

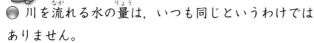

3 考えよう 川の水の量がふえるのは、どういうときだろうか。

正しいのは？
A 雨がたくさんふったあと。
B 時こくで決まっていて、夕方ふえる。
C 季節で決まっていて、冬にふえる。

◯ 川を流れる水の量は、いつも同じというわけではありません。

◯ 雨がふると、そのうちのいくらかは地面にしみこみますが、大部分の雨水は地面の低いほうへ流れ、たくさん集まって、ついには川に流れこみます。

◯ そのため、台風などで大雨がふったりすると、集まってくる雨水の量が多くなり、川の水の量がふえます。

◯ 逆に、雨がふらない日が続くと、川の水の量は、へっていきます。　答 **A**

大雨の前

大雨のあと

もっとくわしく

地いきによっては、冬の間にふった雪が積もり、春になってとけ、雪どけ水となって川に流れこみ、川の水の量がふえることもあります。

4 考えよう 川の水の量がふえると、流れる水のはたらきはどうなるか。

正しいのは？
A 積もらせるはたらきが大きくなる。
B けずったり、運んだりする力が大きくなる。
C 運んだり、積もらせたりする力が大きくなる。

◯ 川の水の流れには、けずる（しん食）、運ぶ（運ぱん）、積もらせる（たい積）の3つのはたらきがあります。

◯ このうち、けずる、運ぶは、水の量がふえ、流れが速くなるほど、そのはたらきも大きくなります。

◯ そのため、大雨のときには、川岸がたくさんけずられたり、大きな石や木が流されたりすることがあります。

◯ そこで、川岸がけずられないようにするためのていぼうや、水のけずるはたらきを弱める消波ブロックなど、災害を防ぐためのくふうがされています。　答 **B**

けずられる川岸

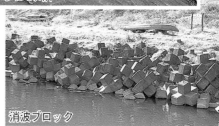
消波ブロック

たいせつポイント

川の曲がっている所
{ 外側…水の流れが速く、がけができる。
　内側…水の流れがおそく、川原ができる。

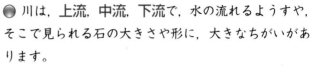

5 考えよう 川の上流と下流では，石の大きさと形はどのようにちがうだろうか。

正しいのは？

A 上流の石のほうが大きくて丸みがある。

B 上流の石のほうが小さくて角ばっている。

C 上流の石のほうが大きくて角ばっている。

上流

⬤ 川は，上流，中流，下流で，水の流れるようすや，そこで見られる石の大きさや形に，大きなちがいがあります。

⬤ 山の中の谷を流れる上流には，次のような特ちょうがあります。

① 水の流れが速く，けずったり運んだりするはたらきが大きい。そのため，川の両岸は切りたったがけになっており，深い谷をつくる。

② 角ばった大きな石が多い。

⬤ 山から平地に出てきた中流には，次のような特ちょうがあります。

① 水の流れは上流よりゆるやかになり，曲がった所では，外側にがけが，内側に川原ができている。

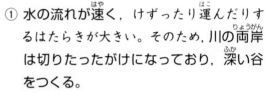

中流

② 上流にくらべて，石の大きさは小さく，丸みのあるものが多い。

⬤ 海に近い下流には，次のような特ちょうがあります。

① 川はばが広くなり，水の流れがとてもゆるやかになる。そのため，運ばれてきた小石やすなが積もってできた広い川原が見られる。

② 中流よりも，さらに小さな丸みのある石や，すなが多い。

答 **C**

下流

もっとくわしく 石の大きさや形がちがうわけ…川は，上流ほど流れが速く，下流へいくほど流れがおそくなり，水の運ぶ力が弱くなります。そのため，大きくて重い石は上流で止まってしまいます。また，下流へと流されていくうちに，石どうしがぶつかりあったりして角がけずられ，丸みがでます。

たいせつポイント 川と石 ｛ 上流ほど水の流れが速く，下流ほどおそい。

上流には角ばった大きな石，下流には丸みのある小さな石。

3 自然とわたしたちのくらし

1

考えよう 台風が来たときにおこる災害さいがいにはどのようなものがあるのだろうか。

正しいのは？

Ⓐ 地面じめんがゆれて建物たてものがこわれる。

Ⓑ 強い風で木々がたおれる。

Ⓒ 雨がふらなくて作物がかれる。

◉ 台風が来ると，強い風がふいたり，大雨がふったりすることがあります。

◉ 強い風がふくと，やねが飛とばされたり，木々が根こそぎたおされたりすることがあります。また，電柱でんちゅうがたおれて，てい電がおきたりすることもあります。

◉ 大雨が続つづくと，がけくずれがおきて，道路どうろが土しゃでうまって通行できなくなったり，家が土しゃでこわされ，ときには人がけがをするようなこともあります。

◉ 強風や大雨によって，電車がとまったり店がしまったりして，生活にえいきょうが出ることもあります。

答 Ⓑ

台風でたおれた電柱

がけくずれ

2

考えよう 大雨が長い時間ふり続つづくと，川はどうなりますか。

正しいのは？

Ⓐ てい防ぼうから川の水があふれることがある。

Ⓑ 川の水かさは変わらない。

Ⓒ 川の流ながれがゆっくりになる。

◉ 大雨が長い時間ふり続くと，山の中から川に多量たりょうの水が一度いちどに流れこみ，川を流れる水が急きゅうにふえます。

◉ さらに水がふえると，川のてい防が水でこわされたりして，川の水がまわりにあふれることがあります。これがこう水すいです。

◉ こう水がおきると，田畑や道路どうろが水につかり，自動車どうしゃや家が水に流され，ひ害がいが生じることがあります。

◉ こう水がおさまっても，低ひくい土地ではなかなか水が引かず，くらしにえいきょうが出ることもあります。

答 Ⓐ

こう水で水につかった町

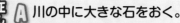

3 考えよう こう水に備える工夫には，どのようなものがあるのだろうか。

正しいのは？
A 川の中に大きな石をおく。
B 川底に木を植える。
C 遊水地をつくる。

ふだんは公園や運動場として利用されている多目的遊水地

● 川の水がふえたとき，川の水がてい防の外にあふれないように，遊水地に一時的に水をたくわえます。

● 山のほうには，山から流れるすなや土をためて，水の流れの勢いを弱くするさ防ダムをつくります。

● 都会では，グラウンドなどの地下にきょ大な水そうをつくり，周辺の街にふった雨水を一時的にたくわえます。

● 国や自治体では，ハザードマップなどをつくって，大雨などのときにどこがき険か，どこにひなんすればよいのかを知らせています。　　　　　　　　　答 C

4 考えよう 川の水は，どのようなことで役に立っているのだろうか。

正しいのは？
A 川の水は人は利用しない。
B 生活用水や農業用水として利用する。
C 川の水をそのままプールの水にする。

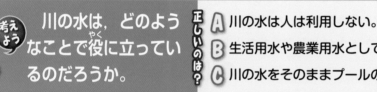
ダム

● 川の水は，田や畑に引きこんで，農業用水として利用されます。また，工業用水としても利用されます。

● じょう水場では，川の水をきれいにして水道水とし，生活のための水や飲み水として利用されます。

じょう水場

● 台風のときなどにふった雨は，川に流れると，じきに海に流れてしまいますが，ダムにたくわえておくと，長い期間，農業用水・工業用水などとして利用されるだけでなく，発電にも利用されます。　　　　　　答 B

たいせつポイント
台風や大雨のときは，強い風や雨で災害がおきることがある。
雨でふった水をダムにたくわえ，農業用水，発電に利用する。

教科書のドリル

答え → 別さつ10ページ

❶ 下の図のように，土でつくった山にホースで水を流しました。次の問いに答えなさい。

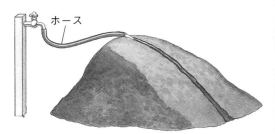
ホース

(1) 流れの速い所では，どのようなようすが見られますか。（　　　　）

(2) 流れのおそい所では，どのようなようすが見られますか。（　　　　）

(3) 曲がって流れている所では，内側と外側で，どちらの流れのほうが速いですか。
（　　　　）

(4) ホースで流す水の量を多くすると，流れる速さはどのように変化しますか。
（　　　　）

❷ 同じ量の小石とすなを2まいの板の上にのせ，それぞれ，川の流れの速い所とおそい所に静かに入れました。次の問いに答えなさい。

(1) 小石とすなで，流されやすいのはどちらですか。（　　　　）

(2) 流れの速いほうに入れたのは，下のア，イのどちらですか。（　　　　）

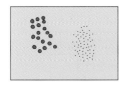
ア

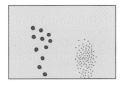
イ

❸ 下の図は，川が曲がって流れている所を表したものです。次の問いに答えなさい。

川
アイウエ

(1) 図の中のイとウで，流れが速いのはどちらですか。（　　　　）

(2) 図の中のアとエで，川原ができているのはどちらですか。
（　　　　）

(3) (2)で選んだ所の反対側は，どのようになっていますか。（　　　　）

(4) 大雨がふって川の水の量がふえると，どのようなはたらきが大きくなりますか。2つ答えなさい。
（　　　　）（　　　　）

❹ 川の上流，中流，下流について，次の問いに答えなさい。

(1) 下のア～ウの図は，上流，中流，下流のどこを表した図ですか。

ア　　　　イ　　　　ウ

ア（　　　）イ（　　　）ウ（　　　）

(2) 上流，中流，下流のうち，水の流れが最も速いのはどこですか。（　　　　）

(3) 上流，中流，下流のうち，丸みのある石が最も多いのはどこですか。（　　　　）

(4) 上流，中流，下流のうち，大きな石が最も多いのはどこですか。（　　　　）

テストに出る問題

答え → 別さつ11ページ
時間**30**分 合格点**80**点 得点 ／**100**

1 雨がしばらくふり続いたあと，校庭を流れる雨水をビーカーにとると，下の図のようににごっていました。次の問いに答えなさい。 ［5点ずつ…合計15点］

(1) しばらくそのままにしておくと，ビーカーの中のようすは，どのようになりますか。次のア〜エから1つ選び，記号で答えなさい。 〔　　　〕

　ア　土が水にとけていき，しだいににごりがこくなっていく。

　イ　下のほうに土がたまっていき，しだいに上のほうはすんでくる。

　ウ　上のほうに土がういていき，しだいに下のほうはすんでくる。

　エ　何も変化は見られない。

(2) 校庭を流れる雨水がにごっていた理由を説明した次の文の〔　〕に，当てはまることばを答えなさい。 ①〔　　　　〕②〔　　　　〕

　　雨水は，校庭を流れるときに地面を①〔　　　　〕ながら流れます。そして，けずられた土などは，流れによって②〔　　　　〕ので，校庭を流れる雨水の中に土などがまざっていて，にごっているのです。

2 右の図のように，土で山をつくって，矢印の所からホースで水を流し，流れる水のはたらきを調べました。次の問いに答えなさい。 ［合計18点］

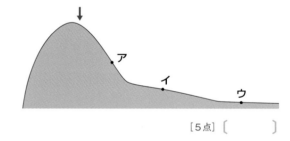

(1) ア〜ウで，水の流れが最も速い所はどこですか。記号で答えなさい。 ［5点］〔　　　　〕

(2) ア〜ウで，けずられた土が最もよく積もる所はどこですか。記号で答えなさい。 ［5点］〔　　　　〕

(3) 山はこのままで，流れる水が土をけずるはたらきを大きくするには，どうすればよいですか。 ［8点］〔　　　　　　　　　　　〕

3 川の上流と下流のようすを表した下の表の①〜⑤にあてはまることばを答えなさい。

［4点ずつ…合計20点］①〔　　　　〕②〔　　　　〕③〔　　　　〕
④〔　　　　〕⑤〔　　　　〕

	流れの速さ	石の大きさ	石　の　形	おもなはたらき
上　流	速　い	①	③	地面をけずる
下　流	おそい	②	④	⑤

4 右の図は，ある晴れた日の川のようすです。次の問い
に答えなさい。[合計17点]

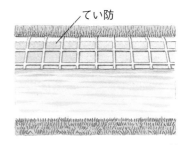

(1) てい防は，川岸がけずられるのを防いでいますが，て
い防のほかに，水のけずるはたらきを弱めて川岸がけず
られるのを防いでいるものを1つ答えなさい。

[6点] 〔　　　　〕

(2) 雨がふり続いたあと，川のようすはどのようになりますか。次のア～ウから選び，記号
で答えなさい。　　　　　　　　　　　　　　　　　　　　　　　[5点] 〔　　　　〕

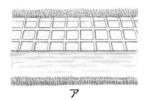 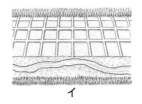 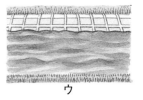

ア　　　　　　　　　　　　イ　　　　　　　　　　　　ウ

(3) (2)のとき，川の水の流れる速さは，晴れの日とくらべてどのようになっていますか。

[6点] 〔　　　　　　　〕

5 右の図のように流れている川について，次の問いに答えなさい。　　[合計21点]

(1) 広い川原ができている所はどこですか。図の中のア～カ
から2つ選び，記号で答えなさい。

[各5点] 〔　　　〕〔　　　〕

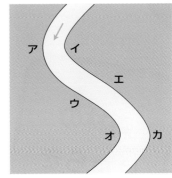

(2) 広い川原ができているほうの岸近くを流れる水の速さ
は，反対側の岸を流れる水の速さにくらべて，どのように
なっていますか。　　　　　　　[6点] 〔　　　　〕

(3) ア－イの川の断面は，どのようになっていますか。
あ～うから1つ選び，記号で答えなさい。　[5点] 〔　　　〕

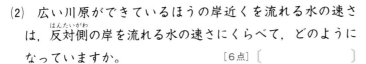

あ　　　　　　　　　　　い　　　　　　　　　　　う

6 大雨がふったとき，こう水がおこることがあります。こう水に備える工夫はどれですか。
3つ選び，記号で答えなさい。

[3点ずつ…合計9点] 〔　　　〕〔　　　〕〔　　　〕

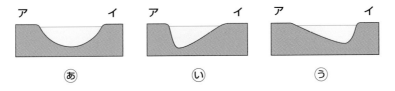

ア　さ防ダム　　　　　イ　打ち水　　　　　ウ　風力発電
エ　防波てい　　　　　オ　遊水地　　　　　カ　防風林
キ　ハザードマップ　　ク　ため池

▶大雨の日には，川の水の量がふえ，流れが速くなります。そのため，岸がけずられ，川がはんらんする大きな災害（水害）が起こることがあります。

▶そのような災害を防ぐために，川を守るいろいろなくふうがされています。

水害を防ぐくふう

①てい防　川岸をかためて強くするとともに，土手をきずいて高くしてある。そのため，流れによって岸がけずられることは少なく，また，ある程度までは水がふえても，はんらんすることはない。

②消波ブロック　岸にコンクリートのかたまりをたくさん置いてある。波のはたらきを弱め，岸がけずられるのを防ぐ。

③さ防ダム　川の上流に，コンクリートでつくってある。水は流すが，水といっしょに流されてきた石やすなをせきとめるはたらきをしている。ふつう，1つだけでなく，いくつも続けてつくられている。

森林のはたらき

▶日本では，川の上流の山には森林が広がっています。これらの森林は，家を建てるための木材として役立っているだけではなく，雨水をためる自然のダムの役目もしています。

▶森林の地面には，かれ葉などが積もった土があります。この土はスポンジのようなはたらきをし，ふった雨水は，この土にたっぷりとふくまれます。そして，少しずつ地下へとしみこんでいき，その間に水がきれいになります。

▶地下にしみこんだ水は地下水となって，地下をゆっくりと流れ，再び地表にしみ出して，川の水となります。

▶このようにして，森林は，ふった雨水が一度に川に流れこむのを防ぎ，また，雨がふらないときでも，川の水がなくならないように，川の水の量を調節するはたらきをしているのです。

9 物のとけ方

教科書のまとめ

★ 食塩などの物が水にとけたとう明な液を水よう液という。

ガラスぼう　かきまぜる

水

コーヒーシュガー　　コーヒーシュガーの水よう液

水よう液
- とう明である。
- とけた物が液全体に広がっている。

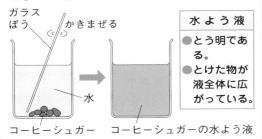

★ 水の温度を上げると，ホウ酸のとける量はふえるが，食塩はあまり変わらない。

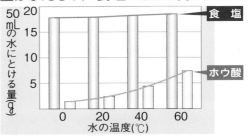

50mLの水にとける量(g)

食塩

ホウ酸

水の温度(℃)

★ 食塩などの物を水にとかしても，とかした物の重さはなくならない。

水の重さ ＋ とかした物の重さ ＝ 水よう液の重さ

水50mL＝50g　　食塩10g　　食塩水60g

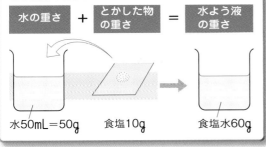

★ ホウ酸の水よう液の温度を下げると，ホウ酸のつぶが出てくる。

ホウ酸をとけるだけとかす　ホウ酸のつぶが出てくる　ろ過してつぶをとり出す

60℃　　20℃　　ろうと

ホウ酸の水よう液　冷やす　ホウ酸のつぶ

★ 食塩などの物が，決まった体積の水にとける量にはかぎりがある。

食塩10g　　食塩15g　　食塩20g

水50mL　　水50mL　　水50mL

全部とける　全部とける　とけ残りが出る

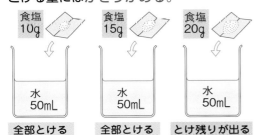

★ 水よう液を冷やして出てくるつぶの量は，その温度でとけきれないぶんだけ。

50mLの水にとけるホウ酸の量(g)

つぶになって出てくる量

60℃でとける量

20℃でとける量

20℃　冷やす　60℃

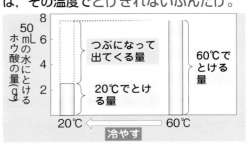

1 水よう液

1 考えよう 食塩を少し水に入れて,かきまぜると,食塩のつぶはどうなるだろう。

正しいのは?

A 底のほうにたまってくる。

B 少しずつ減り,やがて見えなくなる。

C 水の中でかたまり,大きなつぶになる。

実験 左の図にようにして,食塩を水に入れてかきまぜると,食塩はどうなるか調べてみましょう。

ガラスぼうで静かにかきまわす

● この実験では,食塩のつぶはだんだん少なくなり,やがて見えなくなります。

● このように,水の中に入れた物のつぶが見えなくなって,全体がとう明になったとき,物が水にとけたといいます。また,その液を水よう液といいます。

● 食塩水は食塩の水よう液で,液には何もふくまれていないように見えますが,とけた食塩が液全体に,いちように広がっています。 答 B

2 考えよう 色がついている液も,水よう液といえるのだろうか。

正しいのは?

A 色がついているから,水よう液とはいえない。

B 色がついていても,とう明なら水よう液。

C 色のつぶが見えるけど,水よう液。

食塩がとけた水

コーヒーシュガーがとけた水

● コーヒーシュガー(色のついた氷ざとう)を水に入れて,しばらくおくと,コーヒーシュガーがとけて,液全体がうす茶色になります。

● この液をすかしてみると,向こう側の物が見えるので,液はとう明であることがわかります。色がついていても,とう明なので,この液は水よう液です。

● さとうが水にとけている水よう液をさとう水といいます。 答 B

たいせつポイント 水よう液 { とう明な液である(色がついていてもよい)。 とけた物が,液全体にいちように広がっている。

2 水よう液の重さと物のとける量

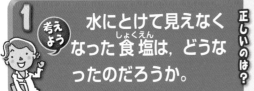

1
 考え
よう　水にとけて見えなく なった食塩は，どうなったのだろうか。

正しいのは？

A 食塩は見えないから，消えてしまった。

B 小さなつぶになって，水の中に散らばっている。

C 小さなつぶになって，底にたまっている。

○ 食塩は，水にとけると，消えてなくなったように見えます。しかし，食塩がなくなってしまったわけではありません。食塩は，目に見えないひじょうに小さなつぶとなって，水の中に散らばっているのです。

○ 食塩がなくなっていないことは，食塩水をじょう発皿にとって，アルコールランプで熱したり，日なたに置いたりして，水だけをじょう発させると，あとに食塩が残ることから確かめられます。　**答 B**

食塩

2
 考え
よう　食塩を水にとかしたとき，重さはどうなるだろうか。

正しいのは？

A 食塩をとかす前の水の重さのまま。

B 食塩と水をたした重さより軽くなる。

C 食塩と水をたした重さになる。

実験　食塩を水にとかしたときの重さの変化を，右の図のような方法で調べましょう。

○ 実験の結果を表にまとめると，次のようになります。

	1回目	2回目	
① 水とビーカーの重さ	136g	137g	とかす前の重さ
② 加えた食塩の重さ	10g	20g	
③ 食塩水とビーカーの重さ	146g	157g	とかした後の重さ

○ この実験から，食塩水は，とかした食塩の重さだけ，はじめの水よりも重くなっていることがわかります。これは，食塩はとけてもなくなるわけではないので，食塩の重さがそのまま水の重さに加わるからです。水の重さ＋食塩の重さ＝食塩水の重さ
（上皿てんびんの使い方は103ページを参照）　**答 C**

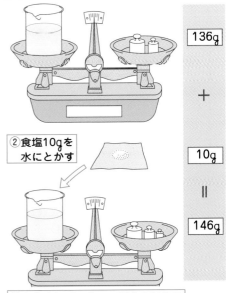

① 水とビーカーの重さをはかる

136g

＋

② 食塩10gを水にとかす

10g

＝

③ 食塩水とビーカーの重さをはかる

146g

3 考えよう ホウ酸やミョウバンを水にとかすと，重さはどうなるだろうか

正しいのは？

A どちらも，とけたぶんだけ重くなる。

B どちらも，重さがなくなってしまう。

C どちらも，とけたぶんだけ軽くなる。

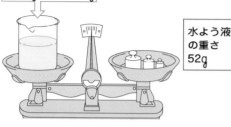

水50g，ホウ酸2g

水よう液の重さ 52g

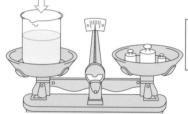

水50g，ミョウバン3g

水よう液の重さ 53g

実験 食塩以外のものを水にとかしたとき，重さがどうなるかを，ホウ酸やミョウバンで調べましょう。

● 左の実験では，ホウ酸の水よう液でも，ミョウバンの水よう液でも，その重さは，はじめの水の重さと，ホウ酸やミョウバンの重さをたしたものであることがわかります。

● 水の中では，ホウ酸やミョウバンはなくならないので，ホウ酸やミョウバンの重さが，そのまま水の重さに加わるのです。

● これまでの実験から，水よう液の重さは，次のような式で求められることがわかります。

水の重さ＋とかした物の重さ＝水よう液の重さ

答 **A**

決まった体積の水を正確にはかりとるときには，**メスシリンダー**を使います。メスシリンダーは，次のようにして使いますが，目もりの読み方に特に注意しましょう。

メスシリンダーの使い方

❶ メスシリンダーを水平な所に置く。

❷ 50mLの水をはかりとる場合，50の目もりの少し下まで水を入れる。

❸ 目の高さを水面の高さにして見ながら，スポイトで水を少しずつ入れる。

❹ 水面のへこんだ所の面が，ちょうど50の線にきたとき，水を入れるのをやめる。

水の体積と重さ

水の体積と重さには決まりがあって，水1mLの重さは1gです。したがって，水50mLだと，その重さは50gになります。

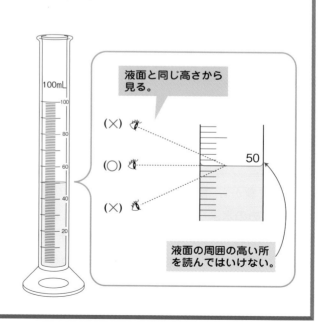

液面と同じ高さから見る。

液面の周囲の高い所を読んではいけない。

4 考えよう 食塩は、決まった体積の水に、いくらでもとけるのだろうか。

正しいのは？

A 食塩のとける量には、かぎりがある。

B 食塩は、水にいくらでもとける。

C 食塩は、ほんの少ししかとけない。

実験 図のように、決まった体積の水に入れる食塩の量を変えて、食塩のとけ方を調べましょう。

● この実験では、食塩の量が少ないときはとけてしまいますが、食塩の量が多くなると、とけ残りができます。

● このことから、水の体積が決まっていると、食塩がとける量には限りがある ことがわかります。

● とけ残りができたビーカーに、さらに50mLの水を加えると、とけ残った食塩も全部とけます。これは、水100mLに対して食塩20gとなり、水50mLに対して食塩10gと同じになるからです。　**答 A**

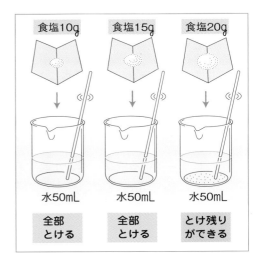

食塩10g	食塩15g	食塩20g
水50mL	水50mL	水50mL
全部とける	全部とける	とけ残りができる

5 考えよう ホウ酸は、決まった体積の水に、いくらでもとけるのだろうか。

正しいのは？

A 食塩と同じ量だけとける。

B ホウ酸は、水にいくらでもとける。

C とける量に限りがあり、食塩より少ない。

実験 ホウ酸が、決まった体積の水にいくらでもとけるのかどうか、右の図のようにして、調べましょう。

● この実験から、ホウ酸の場合でも、水の体積が決まっていると、とける量には限りがある ことがわかります。また、ふつうの温度の水にとけるホウ酸の量は、食塩よりも少ないことがわかります。

● 食塩やホウ酸だけでなく、どんな物でも、決まった体積の水にとける量には限りがあります。しかし、どんな物でも、水の体積をふやすと、とけ残ったものを全部とかすことができます。　**答 C**

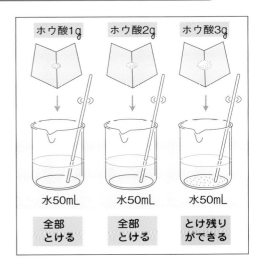

ホウ酸1g	ホウ酸2g	ホウ酸3g
水50mL	水50mL	水50mL
全部とける	全部とける	とけ残りができる

たいせつポイント 水よう液 { 水の重さ＋とかしたものの重さ＝水よう液の重さ
決まった体積の水にとける物の量には限りがある。

教科書のドリル

答え → 別さつ11ページ

① 次の(1)～(3)の文の（ ）にあてはまることばを答えなさい。

(1) 食塩やホウ酸などの物が水にとけて，全体がとう明になった液を，（　　　）という。

(2) コーヒーシュガーを水にとかすと，液全体がうす茶色になるが，液をすかして向こう側のものを見ることができる。このように，色がついていても（　　　）になっている液は，水よう液である。

(3) とけた物は，液全体に（　　　）広がっている。

② 次の(1)，(2)の文で，正しいものには○，まちがっているものには×と答えなさい。

(1) 食塩水をじょう発皿にとり，アルコールランプで熱して水をじょう発させると，あとに何も残らない。（　　　）

(2) 水の量が等しければ，食塩とホウ酸のとけることのできる量は同じである。（　　　）

③ 下の図のように，水とビーカーの重さをはかったところ，146gありました。この水に，食塩25gをとかしてできた食塩水の重さは何gですか。ただし，ビーカーの重さは46gであるものとします。

（　　　）g

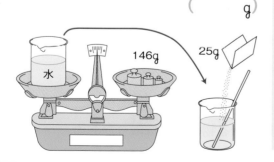

④ メスシリンダーを使って，50mLの水をはかりとろうと思います。次の問いに答えなさい。

(1) 次の①～④を，手順どおりにならべかえなさい。

① 目の高さを（ ア ）の高さにして見ながら，スポイトで水を少しずつ入れる。

② 水面の（ イ ）の面が，ちょうど50の線にきたとき，水を入れるのをやめる。

③ 50の目もりの少し下まで水を入れる。

④ メスシリンダーを水平な所に置く。

（　　→　　→　　→　　）

(2) (1)のアとイに当てはまることばを，それぞれ答えなさい。

ア（　　　）
イ（　　　）

⑤ 下の図のように，50mLの水に10g・15g・20gの食塩を加え，ガラスぼうでかきまぜたところ，20gを加えたときにとけ残りが出ました。次の問いに答えなさい。

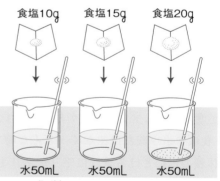

食塩10g　　食塩15g　　食塩20g

水50mL　　水50mL　　水50mL

(1) この実験から，どのようなことがわかりますか。（　　　）

(2) とけ残りの出たビーカーに，さらに50mLの水を加え，ガラスぼうでかきまぜると，どうなりますか。（　　　）

3 水の温度と物のとける量

1 考えよう　水の温度を高くすると，ホウ酸のとけ方は，どうなるだろうか。

正しいのは？
- **A** とける量がふえる。
- **B** とける量がへる。
- **C** とける量は変わらない。

実験　右の図のようにして，50mLの水に，20gのホウ酸を少しずつ加えてかきまぜ，とけたホウ酸の重さを調べます。この実験を，20℃，40℃，60℃の水について，それぞれおこないます。

● 実験の結果は，次のようになりました。

水の温度	20℃	40℃	60℃
とけたホウ酸の重さ	2.4g	4.4g	7.4g

● 実験の結果から，ホウ酸のとける量は，水の温度が高くなるほど多くなる ことがわかります。

答 **A**

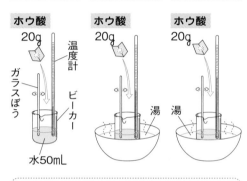

ビーカーの水の温度20℃　ビーカーの水の温度40℃　ビーカーの水の温度60℃

ホウ酸 20g　温度計　ガラスぼう　ビーカー　水50mL　湯　湯

ホウ酸を少しずつ加え，とけ残りが出たら加えるのをやめる。薬包紙に残ったホウ酸の重さをはかり，そのぶんを20gから引くと，とけた重さがわかる。

2 考えよう　水の温度を高くすると，食塩のとけ方は，どうなるだろうか。

正しいのは？
- **A** とける量が大きくふえる。
- **B** とける量がふえるが，あまり変わらない。
- **C** とける量はへる。

実験　ホウ酸のかわりに食塩を使って，上と同じような実験をしてみましょう。

● 実験の結果は，次のようになりました。

水の温度	20℃	40℃	60℃
とけた食塩の重さ	17.9g	18.2g	18.5g

● 実験の結果から，食塩がとける量は，水の温度が高くなると，少しずつふえる ことがわかります。しかし，そのふえ方は，ホウ酸ほど多くはありません。

答 **B**

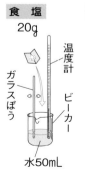
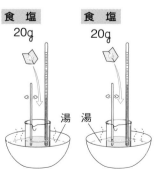

ビーカーの水の温度20℃　ビーカーの水の温度40℃　ビーカーの水の温度60℃

食塩 20g　温度計　ガラスぼう　ビーカー　水50mL　湯　湯

3 **考えよう** 物のとける量と，水の温度との間には，どんな関係があるか？

正しいのは？

A 物のとける量は，水の温度と関係がない。

B 水の温度が高くなると，とける量がふえる。

C 水の温度が高くなると，とける量がへる。

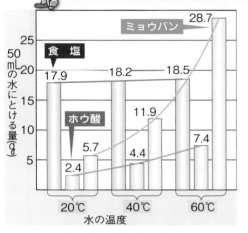

水の温度と物のとける量

○ 97ページで調べたように，ホウ酸は，水の温度が高いほどよくとけます。しかし，食塩は，水の温度が高くなっても，とけ方はあまり変わりません。

○ ミョウバンも，温度が高くなるほどよくとけます。そのようすをグラフにすると，左のようになります。

○ ホウ酸は，水の温度が60℃になっても，食塩よりとける量はまだ少ないのですが，ミョウバンは，60℃になると，食塩よりとける量が多くなります。

○ このように，水の温度が高くなると，物がとける量は多くなりますが，そのとけ方は，物の種類によってちがいます。 **答 B**

4 **考えよう** とけ残ったホウ酸や食塩は，どのようにすると，とけるか？

正しいのは？

A よくかきまぜると，どちらもとける。

B 水の量をふやすと，どちらもとける。

C 水の温度を高くすると，どちらもとける。

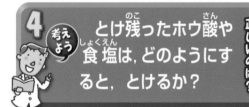

 実験 とけ残った物を，水の温度を高くしたり，水の量をふやしたりして，とかしてみましょう。

○ 水の温度を高くすると，とけ残ったホウ酸は全部とけますが，食塩はあまりとけません。しかし，水の量をふやすと，どちらも全部とけてしまいます。

○ ホウ酸のように，水の温度でとけ方が変わる物は，水をあたためても，水を加えても，より多くとかすことができます。しかし，食塩のように，水の温度でとけ方があまり変わらない物は，より多くとかすためには，水を加える以外にありません。 **答 B**

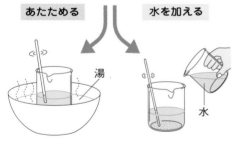

ホウ酸 ⇨	とける	とける
食　塩 ⇨	あまりとけない	とける

 たいせつポイント 物のとける量 { ホウ酸やミョウバンは，水の温度を高くするとふえる。 食塩は，水の温度を高くしても，あまりふえない。

4 とけている物のとり出し方

考えよう 温度の高い水でつくったホウ酸の水よう液を冷やすとどうなる？

正しいのは？

A 白いつぶが出てくる。

B 全体がまっ白になって，液がにごる。

C 変化は見られず，とう明のままである。

実験 温度の高い水に，ホウ酸をとけるだけとかし，これを冷やしたときの変化のようすを調べましょう。

⚫ ホウ酸の水よう液を冷やすと，やがて，水の中にキラキラ光る小さな物が見え始めます。そして，さらに時間がたつと，水面や底のほうに白いつぶが出てきます。

⚫ これは，温度の高い水にとけていたホウ酸が，温度が下がると，とけきれなくなって出てきた ものです。

⚫ ホウ酸は，決まった体積の水にとけることのできる量が，水の温度によってちがい，温度が低くなるほど少ししかとけないので，このようになるのです。

答 A

温度の高いホウ酸水

出てきたホウ酸のつぶ

温度が下がると，とける量が減って，つぶになって出てくるんだよ。

水にまじっている，水にとけない物をとり出すときには，ふつう**ろ紙**でこしてとり出します。この方法を**ろ過**といいます。ろ過のしかたは，次のとおりです。

ろ過のしかた

❶ろ紙を半分に2回折る。

❷折ったまま，1か所開いて，ろうとにはめる。

❸スポイトを使って，ろ紙を水でぬらし，ろうとにぴったりとつける。

❹ろうとをろうと台にとりつけ，下にビーカーを置いて，右の写真のようにして液をそそぎ，ろ過する。

液は，ガラスぼうを伝わらせる。

ろうとの足は，ビーカーのかべにつける。

2 考えよう 出てきたホウ酸のつぶだけをとり出すには，どうすればよいか。

正しいのは？
- Ⓐ ピンセットでつまんでとり出す。
- Ⓑ あみですくいとる。
- Ⓒ ろ紙を使ってこしとる。

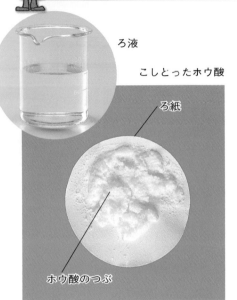

ろ液

こしとったホウ酸

ろ紙

ホウ酸のつぶ

● 冷やして出てきたホウ酸のつぶをとり出すには，ホウ酸の水よう液をつぶごとろ過します。

● ろ過すると，ホウ酸の白いつぶは，ろ紙の上に残ります。そして，ろ紙でこした液は，とう明です。

● このことから，ホウ酸の白いつぶが全部こしとられたことがわかります。

● ろ過してできたとう明な液を，ろ液といいます。

答

なぜだろう？ ホウ酸の水よう液から出てきた白いつぶが，ろ紙の上に残るのはなぜでしょう。
答 紙のせんいの間には，直径が0.005～0.006mmくらいのあながあいています。ホウ酸の水よう液から出てきた白いつぶは，このあなより大きいので，ろ紙を通りぬけることができないのです。

3 考えよう ろ紙でこしとった液に，ホウ酸はふくまれているのだろうか。

正しいのは？
- Ⓐ つぶが見えないから，もうふくまれていない。
- Ⓑ つぶが見えなくても，ふくまれている。
- Ⓒ ふくむときも，ふくまないときもある。

出てきたホウ酸の白いつぶをこしとった液

ホウ酸の白いつぶ

スライドガラスに1てきとる

氷水

ホウ酸の白いつぶ

実験 白いつぶが出てきたホウ酸の水よう液をろ過してできたろ液には，ホウ酸はふくまれていないのか，実験で調べてみましょう。

● 左の実験で，ろ液を氷水で冷やすと，ホウ酸の白いつぶが，ふたたび出てきます。これは，水の温度がさらに下がったために，とけきれなくなったホウ酸がつぶとなって出てきたものです。

● また，ろ液をあたためてかわかすと，水だけがじょう発し，あとに，ホウ酸の白いつぶが残ります。

● これらのことから，ろ液の中にはホウ酸がふくまれていることがわかります。つまり，このろ液は，ホウ酸の水よう液というわけです。

答

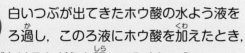

4 考えよう ろ紙でこしとった液に，さらにホウ酸はとけるだろうか。

正しいのは？
- Ⓐ とけない。
- Ⓑ とけるが，その量は決まっている。
- Ⓒ いくらでもとける。

実験 白いつぶが出てきたホウ酸の水よう液をろ過し，このろ液にホウ酸を加えたとき，ホウ酸がとけるかどうか調べてみましょう。

ろ紙でこしとったホウ酸の水よう液に，ホウ酸を加えるととけるかな？

● 右の図のように，ろ液の温度が変わらないようにしてホウ酸を加えたとき，いくらかきまぜてもホウ酸はとけません。

● これは，上のようにしてこしとったろ液には，ホウ酸がとけるだけとけているからで，このような液にさらにホウ酸を加えても，もうとけません。

答 Ⓐ

5 考えよう 水よう液を冷やすと出るつぶの量には，決まりがあるのだろうか。

正しいのは？
- Ⓐ 低い温度でとける量－高い温度でとける量
- Ⓑ 決まりはない。
- Ⓒ 高い温度でとける量－低い温度でとける量

● 97ページで調べたように，60℃の水50mLに，ホウ酸をとけるだけとかすと，7.4gとけます。これを氷水で冷やして20℃にすると，とけることのできるホウ酸の量は2.4gになります。

● そのため，60℃でホウ酸をとけるだけとかした液を20℃にすると，

$$7.4g－2.4g＝5g$$

がとけることができずに，ホウ酸のつぶとなって出てきます。

● そして，20℃の液には2.4gのホウ酸がとけたままになっています。

答 Ⓒ

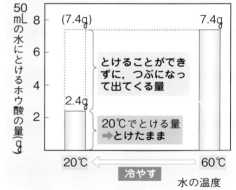

とけることができずに，つぶになって出てくる量

20℃でとける量→とけたまま

冷やす

水の温度

とけきれなくなったぶんが，つぶになって出てきた量だよ。

 たいせつポイント

ホウ酸の水よう液 ｛ 冷やすと，とけきれなくなったぶんがつぶになって出る。
ろ液にもホウ酸はふくまれている。

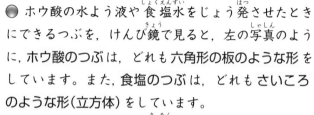

6 考えよう ホウ酸の水よう液から出てきたつぶは, どんな形をしている？

正しいのは？

A 決まった形はない。

B はりのように, 細くとがった形をしている。

C 六角形の板のような形をしている。

つぶの形は決まっているんだ。

ホウ酸

ミョウバン

食塩

● ホウ酸の水よう液や食塩水をじょう発させたときにできるつぶを, けんび鏡で見ると, 左の写真のように, ホウ酸のつぶは, どれも六角形の板のような形をしています。また, 食塩のつぶは, どれもさいころのような形（立方体）をしています。

● このような, 規則正しい形をしたつぶを, 結しょうといいます。

● 結しょうの形は, 物の種類によって, 決まっています。そのため, とり出したつぶがホウ酸なのか, 食塩なのか, それともミョウバンなのかは, 結しょうの形から確かめることができます。　　　　　　　　　　　　　　　　　　　　　　　**答 C**

◎ 食塩の結しょうで, かれ木に花をさかせよう！！

● 水よう液の温度が下がったり, 水がじょう発して水の量が少なくなったりすると, とけきれなくなった物が結しょうとなって出てきます。

● これを利用して, 水よう液の中にモールでつくった木を入れておくと, 出てきた結しょうがモールについて, まるで, 木に花がさいたようになります。

● では, 食塩の花をさかせてみることにしましょう。つくり方は, 次のとおりです。

① とう明な容器に熱い湯を入れ, かきまぜても, とけ残りがあるようになるまで食塩を入れる。

② 2〜3分間, とけ残りがしずむのを待ってから, うわずみの食塩水だけを別の容器に移す。

③ 食塩水が熱いうちに, 右上の図のようにして, モールを水中につるし, 容器を布でつつんで, 1〜2日静かにおいて, ゆっくりと冷やす。

④ 小さい結しょうがついて, 食塩水がへったら, また, こい食塩水をたす。これを続け, きれいにできたら引き上げ, かんそうさせる。

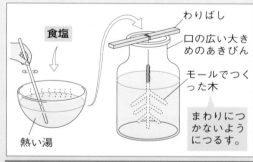

食塩

わりばし

口の広い大きめのあきびん

モールでつくった木

まわりにつかないようにつるす。

熱い湯

食塩の結しょう

102 **9** 物のとけ方

5 上皿てんびんの使い方

1 考えよう
上皿てんびんを持ち運ぶとき，2まいの皿はどうする？

正しいのは？

A 1まいずつ，両方にのせる。

B 2まいとも，手でもっていく。

C 2まいとも，かた方に重ねてのせる。

● 上皿てんびんは，右の写真のようなつくりをしており，支点から左右の等しいきょりの所に，物や分銅をのせる皿がとりつけられています。

● 上皿てんびんを使うときは，次のことに注意します。

① 持ち運んだり，しまったりするときは，皿をかた方に重ねておく。また，両手で台を持って運ぶ。

② 分銅を持つときは，必ず**ピンセット**を使う。また，使用の前後に，分銅の数を確かめておく。

③ てんびんは，水平な台の上に置く。

④ 皿は，うでに書いてある番号のものをのせる。

● はかる前には，調整ねじ（調節ねじ）をまわして，うでを水平につりあわせます。つりあっているとき，はりは目もり板の中央をさします。また，はりが左右に同じはばでふれているときもつりあっています。　**答 C**

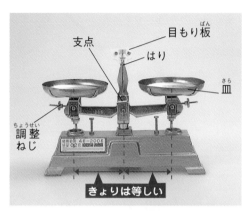

支点　目もり板　はり　皿　調整ねじ

きょりは等しい

調整ねじが，両はしについているもの

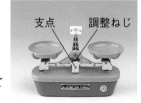

支点　調整ねじ

調整ねじが，中央についているもの

2 考えよう
物の重さをはかるとき，分銅をのせていく順番は？

正しいのは？

A 重い分銅からのせていく。

B 軽い分銅からのせていく。

C 順番は決まっていない。

● 物の重さをはかるときと，決まった重さをはかりとるときとで，上皿てんびんの使い方はちがいます。

● 物の重さをはかるときは，次のようにします。

① 左右の皿に薬包紙をのせる。

② 上皿てんびんがつりあっていることを確かめる。

③ はかりたい物を左の皿にのせる。

④ 重い分銅から右の皿にのせ，重すぎたら分銅をかえて，つりあわせる。つりあったときの分銅の重さの合計が物の重さに等しい。　**答 A**

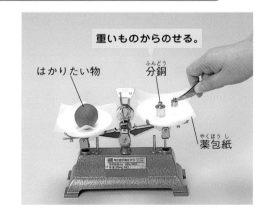

重いものからのせる。

はかりたい物　分銅　薬包紙

3 考えよう 決まった重さをはかりとるとき，はじめに皿にのせるのは何か。

正しいのは？

Ａ はかりとりたい重さの分銅。

Ｂ はかりとりたい物（水や粉など）。

Ｃ 物と分銅のどちらでもよい。

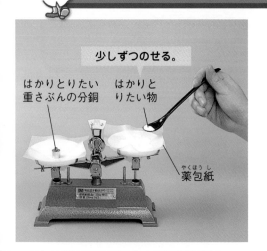

少しずつのせる。

はかりとりたい重さぶんの分銅

はかりとりたい物

薬包紙（やくほうし）

○ 水や粉などを，決まった重さだけはかりとるときは，次のようにします。

① 薬包紙や同じ重さの入れ物を，左右の皿にのせる。

② はかりとろうとする重さの分銅を左の皿にのせる。

③ はかりとろうとする物を，右の皿に，つりあうまで少しずつのせていく。

④ てんびんがつりあったときの量が，はかりとりたい重さの量である。 答 Ａ

◎ 下皿（したざら）てんびんをつくってみよう！！

○ ぼうの下に皿をとりつけて物の重さをはかる下皿てんびんをつくってみましょう。

○ 用意するものは，次の①〜⑩です。

① からになった2Lのペットボトル（角型のもの）1本

② 40cmくらいの長さの木のぼう1本

③ 大きなクリップ1個

④ 20cmくらいの長さの竹ひご1本

⑤ ゼリーのカップ2個

⑥ 15cmくらいの糸8本

⑦ 画びょう2個

⑧ はり1本

⑨ 目もり板（5cm四方の紙に自分でかく）

⑩ セロテープ

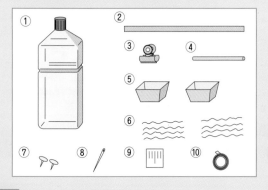

○ 用意ができたら，次の図のように，組み立てましょう。

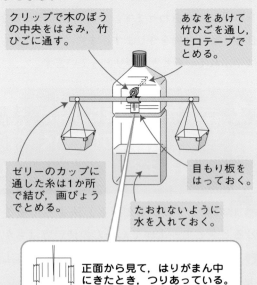

クリップで木のぼうの中央をはさみ，竹ひごに通す。

あなをあけて竹ひごを通し，セロテープでとめる。

ゼリーのカップに通した糸は1か所で結び，画びょうでとめる。

目もり板をはっておく。

たおれないように水を入れておく。

正面から見て，はりがまん中にきたとき，つりあっている。

（注）何ものせない状態でつりあわないときは，ゼリーカップの外側に紙をはってつりあわせる。

○ 物の重さをはかるときは，分銅（ふんどう）のかわりに，1円玉と10円玉を使うこともできます。1円玉は1個1gで，10円玉は1個4.5gなので，1円玉1個と10円玉2個で10gになります。

教科書のドリル

答え → 別さつ12ページ

1 下の図のように，ビーカーの底に，とけきれないホウ酸と食塩が残っています。あとの問いに答えなさい。ただし，答えは1つとはかぎりません。

ホウ酸のとけ残り　　食塩のとけ残り

(1) とけ残ったホウ酸をすべてとかすためには，どのようにすればよいですか。下のア〜ウからすべて選び，記号で答えなさい。

（　　　　　）

　ア　あたためて，よくかきまぜる。
　イ　よくかきまぜる。
　ウ　水を加えて，よくかきまぜる。

(2) とけ残った食塩をすべてとかすためには，どのようにすればよいですか。(1)のア〜ウからすべて選び，記号で答えなさい。

（　　　　　）

2 下のグラフは，50mLの水にとけることのできる食塩・ホウ酸・ミョウバンの量の，温度による変化を表したものです。食塩・ホウ酸・ミョウバンのグラフを，それぞれア〜ウから選びなさい。

食塩（　　　） ホウ酸（　　　）
ミョウバン（　　　）

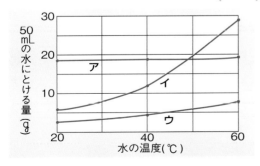

3 右の図は，ろ過をしているようすを表したものです。ガラスぼうとビーカーをかき加えて，図を完成させなさい。

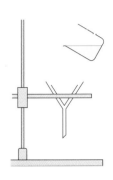

4 60℃の水に，とけ残りが出るまでホウ酸をとかし，できたホウ酸水をろ過しました。次に，ろ紙を通りぬけたろ液を，ア〜ウの3つのビーカーに分けました。次の問いに答えなさい。

(1) アのろ液をスライドガラスに1てきとり，アルコールランプで熱すると，どのようになりますか。

（　　　　　　　　　）

(2) イのろ液にホウ酸を加えてガラスぼうでかきまぜると，どのようになりますか。

（　　　　　　　　　）

(3) ウのろ液の温度を20℃にすると，どのようになりますか。

（　　　　　　　　　）

5 次のア，イの写真のうち，食塩のつぶはどちらですか。（　　　）

ア　　　　　　　　　イ

テストに出る問題

答え → 別さつ12ページ
時間30分 合格点80点　得点／100

1 右の表は，いろいろな温度の水50mLにとけることのできるホウ酸と食塩の量を表したものです。次の問いに答えなさい。 [合計27点]

水の温度	㋐	㋑
0℃	1.4g	17.8g
20℃	2.4g	17.9g
40℃	4.4g	18.2g
60℃	7.4g	18.5g

(1) ホウ酸のとける量を表しているのは，㋐，㋑のどちらですか。記号で答えなさい。 [5点] [　　]

(2) 50mLの水をメスシリンダーではかりとるときの目の位置として正しいものを，右の図の㋐〜㋒から選び，記号で答えなさい。 [5点] [　　]

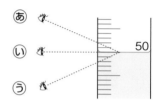

(3) 次の①〜④の文で，正しいものには○，まちがっているものには×と答えなさい。
① ホウ酸は，冷たい水にはとけにくい。
② 温度変化によるとける量の変化は，ホウ酸より食塩のほうが大きい。
③ 水の温度が高くなると，ホウ酸のとける量のふえる度合いが大きくなる。
④ 水の温度が高くなっても，食塩のとける量はあまり変わらない。
[各3点] ①[　] ②[　] ③[　] ④[　]

(4) 40℃の水100mLに，食塩をとけるだけとかすと，何gまでとけますか。 [5点] [　　g]

2 下の図のように，20℃の水50mLが入ったビーカーに，それぞれ5g，10g，20gの食塩を入れたところ，食塩の量が5g，10gのときはすべてとけましたが，20gのときは2.1gだけとけ残りました。次の問いに答えなさい。ただし，水1mLの重さは1gであるものとします。 [5点ずつ…合計20点]

(1) できた食塩水の重さは，それぞれ何gになりますか。
①[　　g] ②[　　g] ③[　　g]

(2) ③で，とけ残った食塩をすべてとかすためには，どのようにすればよいですか。次のア〜エから1つ選び，記号で答えなさい。 [　　]
ア 水の温度を高くする。　　イ 水の温度を低くする。
ウ ガラスぼうでかきまぜる。　　エ 水を加える。

106　9 物のとけ方

3 右のグラフは，水をいろいろな温度にしたとき，50mLの水に，ホウ酸と食塩が，それぞれ何gまでとけることができるかを表しています。次の問いに答えなさい。 [合計36点]

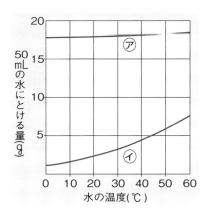

(1) グラフの⑦，⑦は，ホウ酸と食塩のどちらのとけ方を表したものですか。それぞれ答えなさい。

[各3点] ⑦〔   〕 ⑦〔   〕

(2) 50mLの水に，5gのホウ酸をとかすためには，水の温度を約何℃以上にしなければなりませんか。

[5点] 〔約   ℃以上〕

(3) 60℃の水100mLに，25gの食塩を加えて，ガラスぼうでよくかきまぜました。食塩はすべてとけますか。とける場合には○，とけない場合には×と答えなさい。 [5点] 〔   〕

(4) (3)の食塩水を少量じょう発皿にとり，日光に当てて水をすべてじょう発させたところ，とけていた食塩が残りました。これをけんび鏡で見たときの写真を，右のア〜ウから選び，記号で答えなさい。 [5点] 〔   〕

ア イ ウ

(5) (4)のように，一度水にとけていたものが，再びとけきれなくなって出てくると，物によって決まった形となります。これを何といいますか。 [5点] 〔   〕

(6) 60℃の水50mLに，6gのホウ酸を入れて，ガラスぼうでよくかきまぜました。

① このホウ酸水を冷やしていったとき，ホウ酸がとけきれなくなって出てくるときの温度は，約何℃ですか。 [5点] 〔約   ℃〕

② このホウ酸水をさらに冷やし，20℃にしたとき，とけきれなくなって出てくるホウ酸の量は，約何gですか。 [5点] 〔約   g〕

4 右の図のようにして，温度が高いホウ酸水を冷やしたときに出てくるホウ酸のつぶをこしてとり出しました。次の問いに答えなさい。 [合計17点]

(1) 図のようにして，水にとけない物をこしてとり出す方法を何といいますか。 [5点] 〔   〕

(2) 右の図では，まちがっている部分が1か所あります。どのようにすれば正しくなりますか。

[7点] 〔   〕

(3) Ⓐのビーカーにたまった液には，ホウ酸はふくまれていますか。ふくまれていませんか。 [5点] 〔   〕

ホウ酸のつぶが出てきた液

Ⓐ

海の水
と食塩

海水をじょう発させて塩をつくる作業

▷ 海の水には，海水1Lあたり，約35g
のしおがふくまれており，そのうち約
26gが食塩です。海の水が塩からいのは，
このためです。

▷ 日本では，昔から，食塩は海水から
とり出しています。現在は，おもに工場
で機械を使って食塩をとり出しますが，
昔は，海の水をくみ，それを日光でかわ
かしてこいしお水をつくり，そのこいしお水をか
まどで熱して水をじょう発させ，しおをとり出し
ていました。

▷ ところで，地球全体の海水にふくまれるしおの
量は，約5億トンの1億倍（1トンは1000kg）にも
なります。これはどれくらいの量かというと，も
し海水が全部じょう発してしまったとすれば，海
の部分（地球表面の約70％）が，厚さ約60mのしお
でおおわれることになるくらいの量です。

死海の水が
こいわけ

▷ ヨルダンとイスラエルの2つの国にまたがる死海という
湖を知っていますか。死海はまわりの海とはつながっていな
い湖ですが，死海の水は，ふつうの海水の6～7倍のしおを
ふくんでおり，その名の通り，生き物が住むことのできない
湖です。

▷ 死海は，もとからこのようにしおのこさがこかったわけで
はなく，昔はもっとうすかったようです。ところが，川から
注がれる水にはわずかに
しおがふくまれていて，水はじょう発するのにしおはじょ
う発しないため，だんだんとこくなってきたのです。

▷ 死海の水は，このようにしおがこいので，死海では，
泳げない人でもプカプカとういていられます。

教科書のまとめ

★ 糸におもりをつけ，左右に往復してふれるようにしたものをふりこという。

おもりが左右にふれる。

糸

おもり

★ ふりこが1往復する時間は，10回往復する時間を10でわって求めるとよい。

10回往復する時間をはかって，10でわる。

★ 支点からおもりの中心までがふりこの長さ，どれだけふれたかがふれはば。

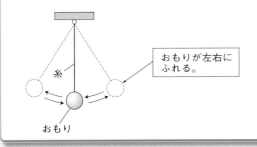

この長さをふれはばとする教科書もある。

支点

糸

ふりこの長さ

おもり

ふれはば

★ ふりこが1往復する時間は，ふれはばやおもりの重さが変わっても同じ。

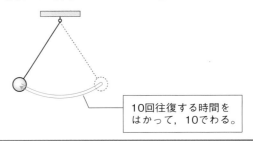

ふれはばがちがう　　おもりの重さがちがう

10g　　10g　　20g

ふりこが1往復する時間は同じ

★ ふりこのおもりは，いちばん低い所で最も速く，ふれはばが大きいほど速い。

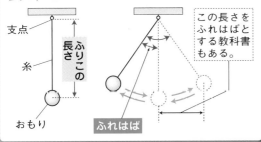

最も速い　　ふれはばが大きいほうが速い

★ ふりこが1往復する時間は，ふりこの長さが短いと短く，長いと長い。

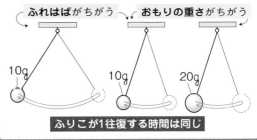

ふりこの長さが長い
↓
1往復する時間が長い

ふりこの長さが短い
↓
1往復する時間が短い

ふりこのふれ方

1 考えよう 糸につけたおもりを ふり動かすと，おもり はどう動くだろうか

正しいのは？

A いったりきたりして，2，3回で止まる。

B いったりきたりしながら，動き続ける。

C 円をかくようにして動き続ける。

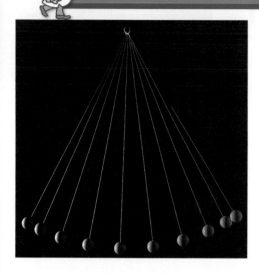

⚫ 糸でつり下げたおもりを動かすと，おもりは，いったりきたりしながら動き続けます。

⚫ そのままおいておくと，ふれはばはだんだん小さくなりますが，10分以上も動き続けることがあります。

⚫ このように，糸のはしを固定しておもりをつり下げ，おもりが左右に往復してふれるようにしたものをふりこといいます。

⚫ 左の写真は，ふりこのおもりが動くようすの連続写真です。これを見ると，ふりこが規則正しく左右にふれているのがわかります。

答 B

2 考えよう どこからどこまでを ふりこの長さというの だろうか。

正しいのは？

A 固定した所からおもりの中心まで。

B 固定した所からおもりの下まで。

C 糸の長さがふりこの長さ。

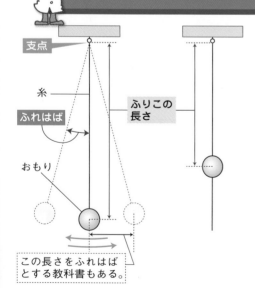

支点

糸

ふれはば

ふりこの
長さ

おもり

この長さをふれはば
とする教科書もある。

⚫ ふりこのはしを固定している所を支点といい，ふりこは支点を中心として，左右に動きます。

⚫ そして，支点からおもりの中心までの長さをふりこの長さといいます。左の図のように，おもりが糸のとちゅうにある場合でも同じです。支点から糸のはしまでの長さをふりこの長さとはいいません。

⚫ ふりこがいちばん左または右にふれた所から支点の真下の位置までの角度をふりこのふれはばといいます。教科書によっては，ふれはばをこの2倍(ふりこが左右いっぱいにふれたときの角度)にしてあるものもあります。また，左の図の長さにしてある教科書もあります。

答 A

3 考えよう ふりこのおもりがいちばん速く動くのは，どこを通るときだろう。

正しいのは？

Ａ いちばん低い所を通るとき。

Ｂ いちばん高い所を通るとき。

Ｃ どこでも同じ速さである。

● 右の写真は，ふりこのおもりが動くようすの連続写真で，光を当てる時間の間かくを等しくして写したものです。写真ではおもりとおもりの間がはなれているときほど，おもりの動き方が速いことを示しています。

● この写真を見ると，おもりの動く速さは，おもりが高い所にあるときほどおそく，低い所にあるときほど速いことがわかります。

● おもりをいちばん高い所ではなすと，おもりの動き方はだんだん速くなり，いちばん低い所を通るとき，最も速くなります。その後はおそくなりますが，おもりがいちばん高い所から元の位置にもどるとき，同じような動きをくりかえします。 答 Ａ

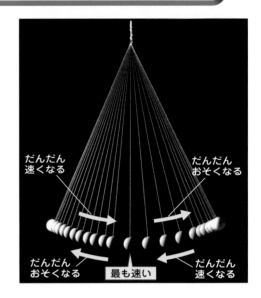

だんだん速くなる

だんだんおそくなる

だんだんおそくなる

最も速い

だんだん速くなる

4 考えよう ふれはばが大きいと，低い所を通るおもりの速さはどうなるか。

正しいのは？

Ａ ふれはばが小さいときと変わらない。

Ｂ ふれはばが小さいときより速くなる。

Ｃ ふれはばが小さいときよりおそくなる。

● 右の写真は，ふりこのふれはばを小さくしたり大きくしたりして，おもりの動くようすを連続的に写したものです。

● ２つの写真をくらべると，低い所を通るおもりとおもりの間かくは，ふりこのふれはばが小さいときはせまく，ふれはばが大きいときは広くなっています。

● このことから，低い所を通るおもりの速さは，ふりこのふれはばが大きいほど速いということがわかります。 答 Ｂ

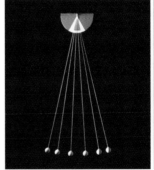

△ふりこのふれはばが小さいとき

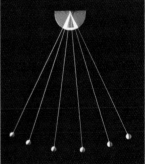

△ふりこのふれはばが大きいとき

たいせつポイント ふりこ ｜ 糸におもりをつけて左右にふらせるようにしたもの。
｜ おもりの速さは，いちばん低い所を通るとき最大。

1 ふりこのふれ方 111

2 ふりこが1往復する時間

1 考えよう ふりこが1往復する時間は，どうすれば正確にはかれるだろう。

正しいのは？

A ふりこが止まるまでの時間をはかる。

B ふりこが1往復する時間をそのままはかる。

C ふりこが何回か往復する合計時間から求める。

ふりこの1往復

10回往復する時間をはかって，その時間を往復した回数（10回）でわればいいのね。

● ふりこが1回ふれて，また元の位置にもどることを，ふりこの1往復といい，それにかかる時間をふりこが1往復する時間といいます。

● ふりこが1往復する時間は，たいへん短く，1往復する時間をそのままはかっても，正確にはかることができません。そこで，次のような方法を用います。

① ふりこが10回往復するのにかかる時間をはかる。

② その時間を10でわって，1往復するのにかかる平均の時間を求める。（10往復するのにかかる時間を3回はかって，その平均から計算すると，さらに正確に求められる。）　**答 C**

2 考えよう ふれはばを変えると，1往復する時間も変わるのだろうか。

正しいのは？

A ふれはばが大きくなるほど短くなる。

B ふれはばが大きくなるほど長くなる。

C ふれはばが大きくても小さくても変わらない。

ふれはば
10°

ふれはば
20°

［おもりの重さ…50g］
［ふりこの長さ…50cm］

実験 おもりの重さとふりこの長さは同じにして，ふりこのふれはばと1往復する時間の関係を調べます。

● 実験の結果は，次の表のようになりました。

ふれはば	10 往 復 の 時 間				1往復の時間
	1回目	2回目	3回目	平 均	
10°	14.3秒	14.2秒	14.3秒	14.3秒	1.4秒
15°	14.2秒	14.3秒	14.3秒	14.3秒	1.4秒
20°	14.3秒	14.2秒	14.3秒	14.3秒	1.4秒

● この実験から，ふりこのふれはばを変えても，ふりこが1往復する時間は変わらないことがわかります。　**答 C**

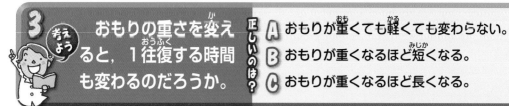

3 考えよう　おもりの重さを変えると，1往復する時間も変わるのだろうか。

正しいのは？
- **A** おもりが重くても軽くても変わらない。
- **B** おもりが重くなるほど短くなる。
- **C** おもりが重くなるほど長くなる。

実験　ふれはばとふりこの長さは同じにして，おもりの重さと1往復する時間の関係を調べます。

● 実験の結果は，次の表のようになりました。

おもりの重さ	10 往 復 の 時 間				1往復の時間
	1回目	2回目	3回目	平　均	
20g	14.1秒	14.3秒	14.3秒	14.2秒	1.4秒
50g	14.4秒	14.3秒	14.3秒	14.3秒	1.4秒
100g	14.3秒	14.2秒	14.2秒	14.2秒	1.4秒

● この実験から，おもりの重さを変えても，1往復する時間は変わらないことがわかります。　答 **A**

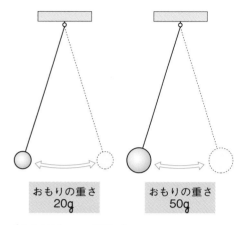

おもりの重さ
20g

おもりの重さ
50g

［ふれはば………20°
ふりこの長さ…50cm］

4 考えよう　ふりこの長さを変えると，1往復する時間も変わるのだろうか。

正しいのは？
- **A** ふりこが長くなるほど時間は短くなる。
- **B** ふりこが長くなるほど時間も長くなる。
- **C** ふりこが長くても短くても変わらない。

実験　ふれはばとおもりの重さは同じにして，長さと1往復する時間の関係を調べます。

● 実験の結果は，次の表のようになりました。

ふりこの長さ	10 往 復 の 時 間				1往復の時間
	1回目	2回目	3回目	平　均	
25cm	10.2秒	10.3秒	10.1秒	10.2秒	1.0秒
50cm	14.3秒	14.4秒	14.2秒	14.3秒	1.4秒
100cm	20.2秒	20.0秒	20.1秒	20.1秒	2.0秒

● この実験から，ふりこが1往復する時間は，ふりこの長さで変わり，ふりこが長いほど，1往復する時間も長くなることがわかります。　答 **B**

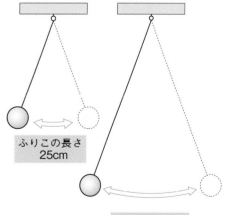

ふりこの長さ
25cm

ふりこの長さ
50cm

［ふれはば ……20°
おもりの重さ…50g］

もっとくわしく　ふりこの1往復する時間が何によって変わるのかを調べるときに，調べる条件だけを変えて，他の条件を同じにするのは，実験の結果がその条件のちがいによることをはっきりさせるためです。

5 考えよう ふりこが1往復する時間は，何によって決まるのだろうか。

正しいのは？

Ⓐ おもりの重さとふりこの長さで決まる。

Ⓑ ふれはばとふりこの長さで決まる。

Ⓒ ふりこの長さだけで決まる。

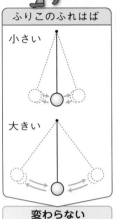

ふりこのふれはば

小さい

大きい

変わらない

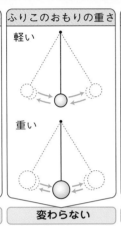

ふりこのおもりの重さ

軽い

重い

変わらない

ふりこの長さ

短い

長い

長いほど長い

● ふりこが1往復する時間について，これまで調べたことをまとめると，左の図のようになります。

● 図を見ると，ふりこのふれはばや，おもりの重さは，ふりこが1往復する時間を決めることにはならないことがわかります。

● つまり，ふりこが1往復する時間を決めるのは，ふりこの長さだけです。　答 Ⓒ

6 考えよう 右の図のおもちゃのおばけを速く動かすには，どうする？

正しいのは？

Ⓐ おもりを重くする。

Ⓑ おもりの位置を上にずらす。

Ⓒ おもりの位置を下にずらす。

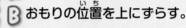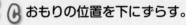
ねん土のおもり　厚紙

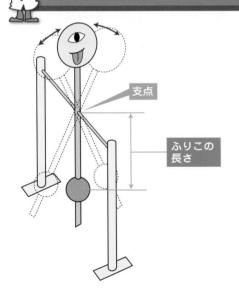
支点

ふりこの長さ

● 左の図のおもちゃは，厚紙にあなをあけて，そこに竹ひごを通してあり，厚紙のあなを支点として動くようにしてあります。そして，厚紙の下のほうにはおもりがつけてあり，左右にふれるようになっています。つまり，このおもちゃは，ふりこを利用したおもちゃです。

● ふりこであれば，1往復する時間は，ふりこの長さが短いほど短くなります。ふりこの長さは，支点からおもりの中心までの長さなので，このおもちゃの場合，竹ひごを通したあなからおもりの中心までがふりこの長さにあたります。したがって，おもりの位置を上にずらして，支点からのきょりを短くすると，1往復の時間が短くなり，速く動きます。

答 Ⓑ

たいせつポイント

ふりこが1往復する時間 { ふれはばやおもりの重さでは変わらない。
ふりこの長さ（支点からおもりの中心まで）で変わる。

教科書のドリル

答え → 別さつ13ページ

① 右の図のように，おもりを糸でつるし，おもりを左右にふらせてみました。次の問いに答えなさい。

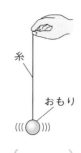

(1) おもりは，どのように動きますか。次のア〜ウから，1つ選びなさい。　（　　　）

　ア　2〜3回左右にふれたあと，止まる。
　イ　しばらく左右にふれ続ける。
　ウ　動くにつれて，ふれはばが大きくなる。

(2) (1)のように，おもりが動くようにしたものを何といいますか。　（　　　）

② 下の図は，ふりこがふれているようすを表しています。あとの問いに答えなさい。

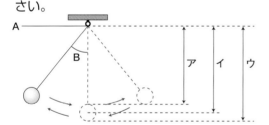

(1) Aの部分を何といいますか。
　　　　　　　　　　　　　（　　　）

(2) Bの角度を何といいますか。
　　　　　　　　　　　　　（　　　）

(3) ふりこの長さとは，どの部分の長さのことですか。図の中のア〜ウから選びなさい。　（　　　）

(4) ふりこをふらせてから時間がたってくると，Bの大きさが少しずつ小さくなってきました。このとき，1往復の時間はどのように変化しますか。
　　　　　　　　　　　　　（　　　）

③ ふりこの性質について，次の問いに答えなさい。

(1) ふりこが1往復する時間を正確にはかるためには，どのようにすればよいですか。　（　　　）

(2) ふりこのふれはばを大きくすると，ふりこが1往復する時間はどうなりますか。　（　　　）

(3) ふりこのおもりを重くすると，ふりこが1往復する時間はどうなりますか。　（　　　）

(4) ふりこの長さを長くすると，ふりこが1往復する時間はどうなりますか。　（　　　）

(5) ふりこが1往復する時間は，何によって決まるといえますか。　（　　　）

④ 下の図のようなふりこで，ふりこが1往復する時間を調べました。あとの問いに答えなさい。

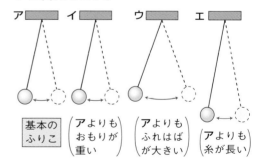

| 基本のふりこ | アよりもおもりが重い | アよりもふれはばが大きい | アよりも糸が長い |

(1) アのふりこより1往復する時間が長いふりこはどれですか。イ〜エからすべて選びなさい。　（　　　）

(2) アのふりこと1往復する時間が同じふりこはどれですか。イ〜エからすべて選びなさい。　（　　　）

教科書のドリル **115**

1 いろいろなふりこを用意して，ふりこが1往復する時間を調べました。あとの問いに答えなさい。　[合計22点]

ア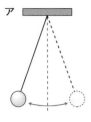
ふれはば20°
おもり50g
ふりこの長さ50cm

イ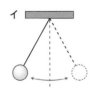
ふれはば30°
おもり50g
ふりこの長さ30cm

ウ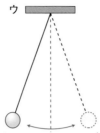
ふれはば20°
おもり50g
ふりこの長さ70cm

エ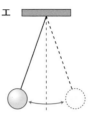
ふれはば20°
おもり150g
ふりこの長さ50cm

オ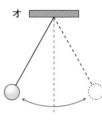
ふれはば30°
おもり50g
ふりこの長さ50cm

(1) アのふりこよりも，1往復する時間が長いふりこはどれですか。イ〜オから1つ選び，記号で答えなさい。　[6点]〔　　　〕

(2) アのふりこよりも，1往復する時間が短いふりこはどれですか。イ〜オから1つ選び，記号で答えなさい。　[6点]〔　　　〕

(3) アのふりこと，1往復する時間が同じふりこはどれですか。イ〜オからすべて選び，記号で答えなさい。　[10点]〔　　　〕

2 ふりこの実験で，ふりこの長さ，おもりの重さ，ふれはばを変えて，ふりこが10往復する時間をはかると，下の表のようになりました。あとの問いに答えなさい。　[合計30点]

	①	②	③	④	⑤	⑥
ふりこの長さ(cm)	50	100	25	25	50	100
おもりの重さ(g)	40	10	20	20	10	40
ふれはば (度)	15	20	15	10	20	20
10往復する時間(秒)	14.0	20.0	10.0	10.0	14.0	20.0

(1) ①のとき，ふりこが1往復する時間は何秒になりますか。計算式と答えの両方を答えなさい。　[10点] 計算式〔　　　〕　答え〔　　秒〕

(2) ①と⑤をくらべると，おもりがいちばん低い所を通るときの速さは，どちらのほうが速いですか。次のア〜ウから選び，記号で答えなさい。　[5点]〔　　　〕
ア　①のほうが速い　　　イ　⑤のほうが速い　　　ウ　同じ

(3) おもりの重さと1往復の時間との関係を調べるためには，どれとどれをくらべればよいですか。番号で答えなさい。　[5点]〔　と　〕

(4) この実験結果から，ふりこが1往復する時間は，何に関係しているといえますか。
[10点]〔　　　　　　　　　　　　　　　〕

3 図のようなふりこについて，以下の問いに答えなさい。 [合計14点]

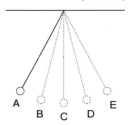

(1) ふりこがA→C→Eと動くときの時間について，正しい関係を示しているものを，次の中から選びなさい。 [7点] [　]

　　ア　A→Cにかかる時間＝C→Eにかかる時間

　　イ　A→Cにかかる時間＞C→Eにかかる時間

　　ウ　A→Cにかかる時間＜C→Eにかかる時間

(2) ふりこが1往復する時間を短くする方法を，次の中から選びなさい。 [7点] [　]

　　ア　おもりの重さを重くする。　　　　イ　おもりの重さを軽くする。

　　ウ　ふりこの長さを長くする。　　　　エ　ふりこの長さを短くする。

　　オ　おもりをはなす位置を高くする。　カ　おもりをはなす位置を低くする。

4 次の文章を読んであとの問いに答えなさい。 [合計34点]

　約420年前，イタリアでガリレオ・ガリレイがピサの大聖堂の天井からつるされたシャンデリアがゆれているのを見て，ゆれのはばが大きいときも小さいときもゆれの周期が一定であることに気がつき，ふりこの等時性を発見したと伝えられています。

　このことを確かめるために，ひもにおもりをつけてふりこをつくり，次の表のような実験をしました。ただし，ふりこの周期とは，ふりこが1往復する時間のことです。

実験	おもりの重さ(g)	糸の長さ(cm)	ふれはば(度)	周期(秒)
A	10	25	10	1.0
B	20	25	20	1.0
C	20	50	10	1.4
D	20	50	20	1.4
E	10	100	20	2.0
F	30	100	20	2.0
G	40	200	20	2.8

(1) 次の①と②のふりこの性質は，表のA〜Gのどの結果をくらべると確かめることができますか。①と②について，それぞれA〜Gの中から2つずつ選び，記号で答えなさい。

　　①　ふりこの周期は糸の長さに関係がある。 [8点] [　]

　　②　ふりこが大きくふれても小さくふれても周期は同じになる。 [8点] [　]

(2) (1)の①，②の性質以外で，表からわかるふりこの性質を1つ書きなさい。

[10点] [　]

(3) ふりこ時計にはふりこが使われていて，正確に時こくを示すようになっています。もし，ふりこ時計の針が進みすぎるときにはどうすればよいですか。次のア〜エから1つ選び，記号で答えなさい。 [8点] [　]

　　ア　ふりこのおもりの位置を上げる。　イ　ふりこのおもりの位置を下げる。

　　ウ　ふりこのおもりを重くする。　　　エ　ふりこのおもりを軽くする。

ふりこの性質の利用

▷ふりこが1往復する時間は，ふりこの長さを長くすると長くなり，短くすると短くなります。ふりこ時計やメトロノームは，この性質を利用した道具です。

▷ふりこ時計で，時計のはりが進みすぎるのは，ふりこの1往復する時間が短いからです。そのようなときは，おもりの位置を下にずらします。すると，ふりこの長さが長くなって，1往復する時間が長くなり，時計のはりの進み方がおそくなります。時計のはりがおくれるときは，逆に，おもりの位置を上に上げます。

▷メトロノームは，音楽でリズムをあわせるときに使います。支点は下のほうにあり，ぼうにつけたおもりが，支点を中心にして左右に動くようにつくられています。速いリズムにあわせるときは，おもりを下にずらします。すると，ふりこの長さが短くなって，1往復する時間が短くなり，速くふれます。おそいリズムにあわせるときは，おもりを上に上げます。

メトロノーム

ふりこ時計

フーコーのふりこ

▷わたしたちは，日ごろ，地球の自転を感じることはありませんが，地球の自転を目に見える形で示す方法があります。

▷フランスの物理学者フーコー（1819〜1868）は，1851年にふりこを使って，地球が自転していることを証明しました。

▷フーコーはパリのパンテオン宮殿で，67mの長さのワイヤーで重さ28kgのおもりをつるしたふりこをふらせて，そのしん動面が少しずつ回転することで地球の自転の証こを示しました。

▷博物館などにはフーコーのふりこがてん示されているところがあるので，実物を見てみるとよいでしょう。

11 電流のはたらき

教科書の
まとめ

⭐ 導線をコイルにして電流を流すと，磁石のはたらきをもつようになる。

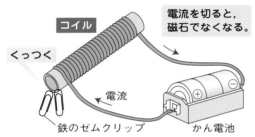

コイル

くっつく

電流を切ると，
磁石でなくなる。

電流

鉄のゼムクリップ

かん電池

⭐ コイルや電磁石のN極，S極は，電流の向きによって決まる。

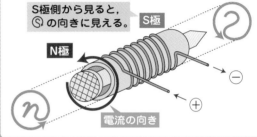

S極側から見ると，
Ⓢ の向きに見える。 S極

N極

電流の向き

⭐ コイルに鉄のしんを入れて電流を流したものを電磁石という。

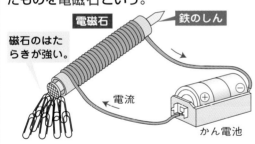

電磁石

鉄のしん

磁石のはたらきが強い。

電流

かん電池

⭐ 電磁石の強さは，コイルのまき数が多いほど，また，電流が強いほど強い。

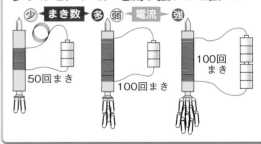

少 まき数 多 弱 電流 強

50回まき

100回まき

100回
まき

⭐ 電磁石やコイルにも，N極とS極がある。

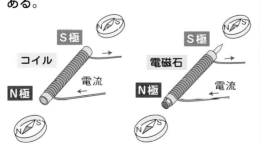

S極

コイル

N極

電流

S極

電磁石

N極

電流

⭐ モーターは，電磁石の極が，両側にある磁石の極から力を受けてまわる。

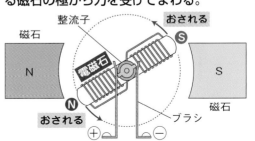

整流子

おされる

磁石

N

電磁石

S

S

磁石

おされる

ブラシ

N

119

① 電磁石とそのはたらき

1 考えよう コイルに電流を流すと，コイルはどんなはたらきをするだろうか。

正しいのは？

Ⓐ 電流のはたらきをする。
Ⓑ 磁石のはたらきをする。
Ⓒ 光って，電球のはたらきをする。

ストロー
エナメル線
セロハンテープでとめる
セロハンテープでとめる

セロハンテープでとめる
同じ向きにきっちりつめてまきつける

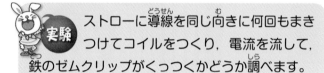
実験 ストローに導線を同じ向きに何回もまきつけてコイルをつくり，電流を流して，鉄のゼムクリップがくっつくかどうか調べます。

コイル

🔵 左の図のようにして，導線を同じ向きに何回もまいたもの をコイルといいます。

🔵 左の写真のように，コイルに電流を流すと，コイルに鉄のゼムクリップがくっつきます。

🔵 そして，コイルに電流を流すのをやめると，鉄のゼムクリップはコイルからはなれます。

🔵 このことから，コイルに電流を流すと，コイルは磁石のはたらきをするようになることがわかります。

答 Ⓑ

2 考えよう コイルに鉄のくぎを入れると，コイルのはたらきはどうなる？

正しいのは？

Ⓐ 変わらない。
Ⓑ 弱くなる。
Ⓒ 強くなる。

コイルのときよりも磁石の力が強い。

実験 コイルのまき数は同じまま，コイルの中に鉄のくぎを入れ，電流を流して，鉄のゼムクリップがくっつくようすを調べます。

🔵 コイルの中に鉄のくぎを入れて電流を流すと，鉄のくぎを入れないときとくらべて，多くの鉄のゼムクリップが鉄のくぎにくっつきます。

🔵 このことから，コイルに鉄のしんを入れて電流を流すと，鉄のしん（鉄心）が強い磁石になる ことがわかります。

答 Ⓒ

3 考えよう 鉄以外のものをコイルに入れるとコイルのはたらきはどうなる？

正しいのは？
- Ⓐ アルミニウムを入れると強くなる。
- Ⓑ 木を入れると強くなる。
- Ⓒ 鉄以外のものでは強くならない。

実験 同じコイルを使って，コイルの中に，木，ガラス，鉄，アルミニウム，銅などのしんを入れ，電流を流して，鉄のゼムクリップがくっつくようすをくらべます。

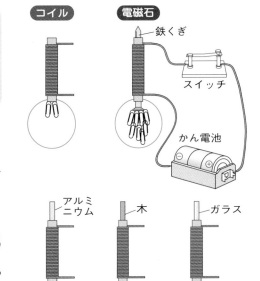

コイル　電磁石
鉄くぎ
スイッチ
かん電池
アルミニウム　木　ガラス

● コイルに鉄心を入れたものは，鉄心が強い磁石になり，多くのクリップがつきます。
● 鉄心以外の物を入れても，それらは磁石になりません。（注意）コイルの磁石としてのはたらきはそのまま。
● コイルに鉄心を入れて電流を流し，磁石のはたらきをもたせたものを電磁石といいます。　　**答 Ⓒ**

もっとくわしく 電磁石は，電流が流れている間だけ磁石のはたらきをし，電流を切ったら，磁石のはたらきがなくなります。

4 考えよう 電磁石も，ふつうの磁石のように南北をさすのだろうか。

正しいのは？
- Ⓐ ふつうの磁石と同じように，南北をさす。
- Ⓑ 鉄は引きつけるが，南北はささない。
- Ⓒ ぐるぐるまわって，止まらない。

実験 発ぽうポリスチレンの板に電磁石をのせ，電流を流して，水面にうかべます。

● はじめ，電磁石が南北方向を向かないようにしてうかべても，やがて，電磁石が南北方向を向くところまで回転して止まります。
● 電流を流していないと，このようなことは起こりません。　　**答 Ⓐ**

たいせつポイント コイルに電流を流すと磁石のはたらきをもつようになる。
コイルに鉄心を入れると電磁石になる。

5 考えよう 電磁石にも，N極とS極があるのだろうか。

正しいのは？

A N極かS極のどちらか一方しかない。

B N極もS極もない。

C N極とS極がある。

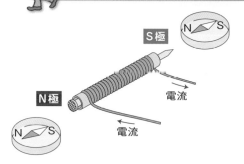

実験 電磁石に電流を流し，電磁石の両はしに方位磁針を近づけてみます。

● 実験の結果，一方のはしは方位磁針のS極を引きつけ，他方のはしは方位磁針のN極を引きつけます。

● 方位磁針のS極を引きつけたほうが電磁石のN極で，方位磁針のN極を引きつけたほうが電磁石のS極です。

● 電流を流すのをやめると，方位磁針は，どちらもN極が北をさして止まります。

答 **C**

方位磁針の向きから電磁石の極がわかるね。

6 考えよう 2つの電磁石のN極どうしを近づけると，どうなるだろうか。

正しいのは？

A たがいに反発しあって，はなれる。

B たがいに引きあって，くっつく。

C 何の変化も見られない。

N極どうしを近づける

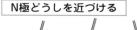

はなれる

実験 電磁石を2つつくって，それぞれ，N極，S極を調べます。そして，電磁石をつるして，N極どうしを近づけます。また，S極どうしを近づけたり，N極とS極を近づけたりもしてみます。

● 電磁石のN極どうしを近づけると，たがいに反発しあってはなれます。

S極どうしを近づける

はなれる

● 同じようにして，電磁石のS極どうしを近づけると，たがいに反発しあってはなれます。

● また，電磁石のS極とN極を近づけると，たがいに引きあってくっつきます。

S極とN極を近づける

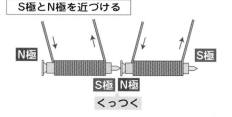

くっつく

● このように，電磁石のはたらきは，ふつうの磁石と同じです。

● もちろん，電流を流さないときは磁石の性質をもたないので，反発しあったり，引きあったりしません。

答 **A**

7 考えよう	電磁石のコイルに流れる電流の向きを反対にするとどうなる？	正しいのは？	Ⓐ 磁石のはたらきがなくなる。
			Ⓑ 何も変化しない。
			Ⓒ N極とS極が入れかわる。

電磁石につないでいる電池の向きを入れかえて，流れる電流の向きを反対にし，電磁石の極が変わるかどうかを方位磁針で調べます。

⚫ 電流の向きを反対にすると，今まで方位磁針のS極を引きつけていた電磁石のN極が，こんどは方位磁針のN極を引きつけるようになります。

⚫ このようになるのは，電磁石のN極がS極に変わったからです。

⚫ このように，電流の向きを反対にすると，電磁石のN極とS極が入れかわります。　答 Ⓒ

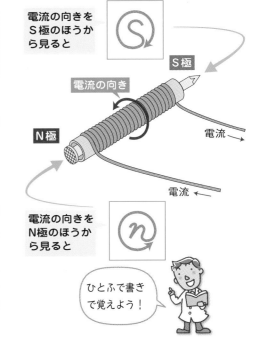

電流の向きを
S極のほうから見ると

電流の向き

N極

電流 →

電流 ←

電流の向きを
N極のほうから見ると

ひとふで書きで覚えよう！

もっとくわしく　電磁石の極は，次のようにして見分けます。電磁石の極のほうから見たとき，コイルを流れる電流の向きが左まわりならN極，右まわりならS極です。

8 考えよう	電磁石のコイルをまく向きを反対にすると，どうなるだろうか。	正しいのは？	Ⓐ 磁石のはたらきがなくなる。
			Ⓑ 何も変化しない。
			Ⓒ N極とS極が入れかわる。

電池のつなぎ方は同じにして，電磁石のコイルのまき方を反対にし，電磁石の極が変わるかどうかを方位磁針で調べます。

⚫ 電磁石のコイルのまき方を反対にすると，電磁石のN極とS極が入れかわります。

⚫ これは，コイルのまき方を反対にすると，コイルに流れる電流の向きが反対になるからです。　答 Ⓒ

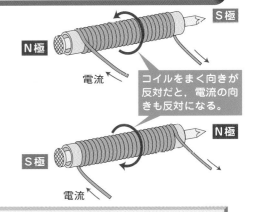

S極

N極

電流

コイルをまく向きが反対だと，電流の向きも反対になる。

N極

S極

電流

たいせつポイント　電磁石の極 { N極とS極がある。
電流の向きを反対にすると，N極とS極が入れかわる。

2 電磁石の強さを変える方法

考えよう コイルのまき数を多くすると，電磁石のはたらきは強くなるか。

正しいのは？

Ａ コイルのまき数が多いほど電磁石は強くなる。

Ｂ コイルのまき数が多いほど電磁石は弱くなる。

Ｃ コイルのまき数と電磁石の強さは関係ない。

50回まき　100回まき　200回まき（二重にまく）

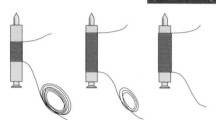

あまったエナメル線は，切らずに，まいておくんだよ。

実験 同じ長さの長いエナメル線を使って，50回まき，100回まき，200回まきの電磁石をつくり，かん電池につないで，強さをくらべます。

（注意）あまったエナメル線は，切らずにそのままつけておきます。エナメル線全体の長さを同じにしておかないと，電流の強さが変わって，まき数の差によるちがいがわかりにくくなります。

● コイルのまき数が多いほど，たくさんの鉄のクリップを引きつけ，電磁石のはたらきは強くなります。

答 Ａ

考えよう コイルに強い電流を流すと，電磁石のはたらきは強くなるか。

正しいのは？

Ａ 電流が強いほど電磁石は強くなる。

Ｂ 電流が強いほど電磁石は弱くなる。

Ｃ 電磁石の強さは電流の強さには関係ない。

かん電池1個

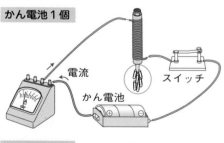
電流　スイッチ　かん電池

かん電池2個 直列つなぎ

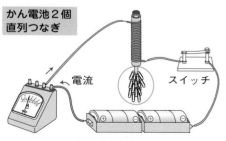
電流　スイッチ

実験 かん電池を1個つないだときと2個直列につないだときとで，電磁石の強さをくらべます。

● かん電池1個のときよりも，かん電池2個を直列につないだときのほうが，たくさんの鉄のクリップを引きつけます。

● 電流計を使って電流の強さを調べると（電流計の使い方は，125ページのとおり），かん電池を2個直列につないだほうが電流が強いことがわかります。

● このことから，コイルに流れる電流が強いほど，電磁石のはたらきは強くなることがわかります。

答 Ａ

電流の強さをはかるときは，電流計を使います。電流計の使い方は次のとおりですが，電流計はこわれやすいそう置なので，使い方をしっかりと守りましょう。また，使うーたんしによって，目もりの読み方がちがうので，注意しましょう。

電流計の使い方

❶ 電流計は，電流の流れる道（これを回路という）のとちゅうに，直列につなぐ。

❷ かん電池の＋極側の導線を電流計の＋たんしにつなぐ。

❸ かん電池の－極側の導線を，電流計の3つの－たんしのうちの5Aのたんしにつないでから，スイッチを入れる。

❹ 針のふれが0.5Aより小さいときは，－極側の導線を，3つの－たんしのうちの500mA（＝0.5A）のたんしにつけかえて，目もりを読みとる。それでも針のふれが小さいときは，50mA（＝0.05A）のたんしにつけかえる。

（注）①－たんしは，必ず5Aから使っていく。小さいほう（50mA）から使うと，針がふりきれて，電流計がこわれることがある。

②電流計にかん電池だけをつないではいけない。

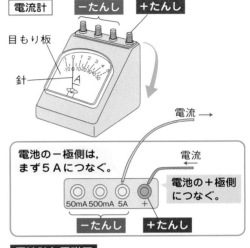

電流計　－たんし　＋たんし
目もり板
針
A

電池の－極側は，まず5Aにつなぐ。

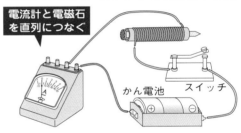

50mA 500mA 5A ＋
－たんし　＋たんし

電流 →
電流 ←
電池の＋極側につなぐ。

電流計と電磁石を直列につなぐ

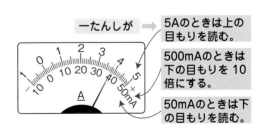

かん電池　スイッチ

電流計の目もりの読み方

電流計の目もりが右の図のようにふれたとき，つないでいる－たんしの種類によって，読み方がちがう。

① 5Aにつないだとき　➡　3.8A
② 500mAにつないだとき　➡　380mA
③ 50mAにつないだとき　➡　38mA

－たんしが

5Aのときは上の目もりを読む。

500mAのときは下の目もりを10倍にする。

50mAのときは下の目もりを読む。

電流計の目もりを読むときは，つないでいる－たんしに注意しよう。

たいせつポイント

電磁石のはたらき {
コイルのまき数が多いほど強い。
電流が強いほど強い。
}

教科書のドリル

答え → 別さつ15ページ

❶ コイルの中に鉄のしんを入れて、電流を流したものを何といいますか。

（　　　　　　　　）

❷ 下のア〜ウのコイルに同じ強さの電流を流したとき、最もたくさんのクリップがつくのはどれですか。記号で答えなさい。ただし、コイルのまき数はすべて同じです。

（　　　　　　　　）

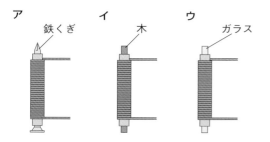

❸ 電磁石に電流を流し、電磁石の極に方位磁針を近づけたら、下の図のように、方位磁針のN極が電磁石の極に引きつけられました。あとの問いに答えなさい。

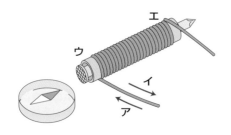

(1) 電磁石のウ・エは、それぞれ何極ですか。
ウ（　　　）　エ（　　　）

(2) 電磁石に流れる電流の向きは、ア・イのどちらですか。（　　　）

(3) 電磁石に流れる電流の向きを反対にすると、ウ・エはそれぞれ何極になりますか。
ウ（　　　）　エ（　　　）

❹ 下のア〜ウの電磁石で、最もたくさんのクリップがつくのはどれですか。記号で答えなさい。

（　　　　　　　　）

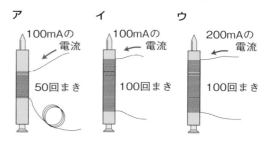

❺ 下の図のような電流計の使い方について、あとの問いに答えなさい。

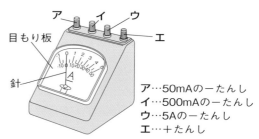

ア…50mAの−たんし
イ…500mAの−たんし
ウ…5Aの−たんし
エ…＋たんし

(1) 電流計は、はかりたい所に対して直列につなぎますか、並列につなぎますか。

（　　　　　　　　）

(2) はかりたい電流の大きさがまったく予測できないとき、かん電池の＋極側の導線と−極側の導線は、それぞれどのたんしにつなぎますか。図のア〜エから選びなさい。

＋極側（　　　）　−極側（　　　）

(3) −たんしに、500mAのたんしを使ったとき、電流計の針が下の図のようにふれていました。このとき流れている電流は何mAですか。（　　　mA）

③ 電磁石を利用したもの

考えよう

モーターは，電磁石のどんな性質を利用しているのだろうか。

正しいのは？

Ⓐ 電流が強くなると，電磁石が強くなる性質。

Ⓑ 電磁石は南北方向をさして止まる性質。

Ⓒ 電流の向きが変わると，極が変わる性質。

● モーターは，右の図のように，磁石のN極とS極の間で電磁石が回転するしくみになっています。どのようにして回転するのかを調べてみましょう。

● まず，下の図①のように，ブラシと整流子を通って，電池から電磁石に電流が流れ，電磁石にN極とS極ができます。すると，電磁石のN極は磁石のS極に，電磁石のS極は磁石のN極に引かれるので，電磁石は矢印の向きに回転します。

モーターのしくみ

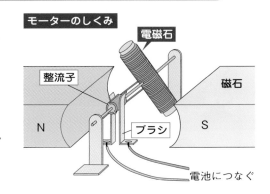

モーターがまわるわけ

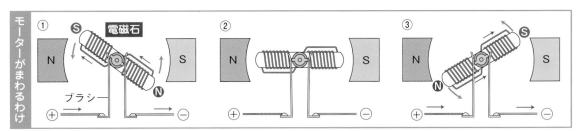

● 電磁石が回転を続け，②の位置を過ぎて，③の位置になっても，電磁石の極が変わらなかったならば，電磁石のS極と磁石のN極，および電磁石のN極と磁石のS極が引きあうので，電磁石は③の位置から②の位置に引きもどされて，回転を続けることができません。

● 電磁石が回転を続けるためには，②の位置になったとき，電磁石の極を入れかえなければなりません。極を入れかえると，電磁石のN極と磁石のN極，および電磁石のS極と磁石のS極はおしあうので，電磁石は③の位置からさらに回転を続けます。

● 電磁石の極を入れかえるには，電磁石に流れる電流の向きを変えます。半回転ごとに電磁石に流れる電流の向きを変えるはたらきをするのが整流子です。整流子は金属のつつをたてに半分にわったような形でブラシにふれています。

答 **Ⓒ**

コイルと整流子の向き

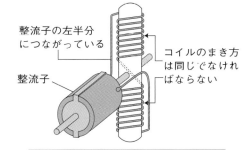

整流子の左半分につながっている

整流子

コイルのまき方は同じでなければならない

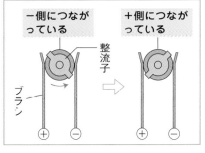

－側につながっている

＋側につながっている

整流子

ブラシ

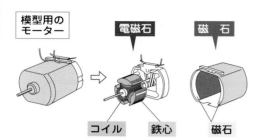

模型用の
モーター

電磁石

磁石

コイル　鉄心

磁石

もっと
くわしく

実際の模型用のモーターの内部は，左の図のようなつくりになっています。モーターのじくのまわりにコイルと鉄心があり，電流を流すと電磁石になります。そして，外箱の内側には磁石のS極とN極が向きあうようにつけてあります。これらの電磁石と磁石が，127ページで説明したようなしくみで，引きあったり，反発しあったりすることで，モーターが回転します。

2 考えよう コイルを使ってモーターをつくることができるだろうか。

正しいのは？

Ⓐ コイルには極がないのでできない。

Ⓑ コイルは回転しないのでできない。

Ⓒ コイルも回転するのでつくることができる。

エナメル線の表面のはがし方に気をつけよう。

● コイルに電流を流すと，コイルは磁石になり，コイルの輪をたてにして見たとき，コイルの左右にN極とS極ができます。

● そこで，コイルと磁石を使って，次のようにして，モーターをつくることができます。

①エナメル線をまいてコイルをつくる。

エナメル線

②コイルの両はしのエナメル線の表面を紙やすりではがす。

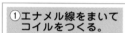

紙やすり

上半分だけはがす。

全部はがす。

③コイルと磁石を台(ゼリーカップなど)の上にセットし，電流を流す。

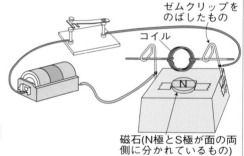

ゼムクリップをのばしたもの

コイル

磁石(N極とS極が面の両側に分かれているもの)

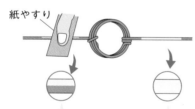

下半分をはがしたエナメル線の側から見て考えるんだよ。

● コイルのモーターは，台の上にのせた磁石と引きあったり，反発しあったりして，次のようなしくみでまわります。

答 Ⓒ

①電流を流すと，コイルのS極と台の上の磁石のN極が引きあう。コイルのN極は反発する。

コイル　クリップ

S極　　N極

引かれる　　反発する

N極

②コイルに電流が流れなくなっても，回転のいきおいでそのままわる。

エナメルの表面が下にくると，電流が流れない。

N極

③再び電流が流れ，コイルの極と台の上の極が引きあったり反発したりして回転する。

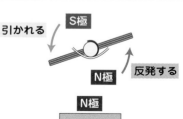

S極

引かれる

N極

反発する

N極

3

考えよう せん風機，そうじ機，洗たく機のうちモーターを使っているのは？

正しいのは？

Ⓐ 3つともモーターを使っている。

Ⓑ せん風機だけがモーターを使っている。

Ⓒ せん風機と洗たく機が使っている。

⚫ モーターは，私たちの身のまわりで，いろいろなものに利用されています。

⚫ たとえば，せん風機，洗たく機，電気そうじ機，冷ぞう庫などがその例です。

⚫ また，電車や電気自動車，電動の車いすなどにも使われています。

⚫ 電磁石は，モーターだけではなく，クレーンやリニアモーターカーなどにも利用されています。（リニアモーターカーについては，133ページでくわしく説明します）

答 Ⓐ

電磁石を使ったクレーン

4

考えよう モーターを使って電気を起こすことができるだろうか。

正しいのは？

Ⓐ モーターをあたためると電気が起こる。

Ⓑ モーターを使っても，電気は起こらない。

Ⓒ モーターのじくをまわすと電気が起こる。

実験 右の図のようにして，モーターに豆電球をつなぎ，モーターのじくに糸をまいて，強い力で引いてみます。

⚫ モーターのじくをまわすと，豆電球がつきます。このことから，モーターのじくが回転したことによって，電気が起こり，電流が流れたことがわかります。

⚫ このしくみを利用したものが発電機です。

⚫ 発電機の身近なものに，自転車の発電機があります。自転車の発電機のつくりは右の図のようになっており，コイルの間で磁石が回転して電気が起きます。

答

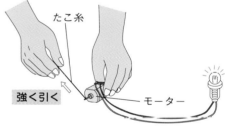

たこ糸

強く引く

モーター

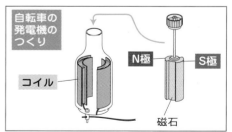

自転車の発電機のつくり

N極　S極

コイル

磁石

たいせつポイント **モーター** 電流の向きが変わると電磁石の極が変わる性質を利用。モーターのじくをまわすと，電気が起こる。

教科書のドリル

答え → 別さつ15ページ

① 下の図は，モーターを表しています。あとの問いに答えなさい。

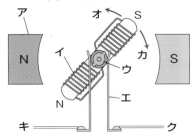

(1) ア～エの部分の名前を，次の㋐～㋔から1つずつ選びなさい。

㋐ 整流子 ㋑ 永久磁石
㋒ 導線 ㋓ 電磁石
㋔ ブラシ

ア（　　　）イ（　　　）
ウ（　　　）エ（　　　）

(2) モーターは，オ・カのどちらの向きに回転しますか。（　　　）

(3) かん電池の＋極は，キ・クのどちらにつながれていますか。（　　　）

(4) 電磁石を流れる電流の向きが変わるのは，電磁石が，あと何度回転したときですか。（上の図は，電磁石が水平方向に対して45°かたむいているところを示しています。）（　　　）

② 下の図は，模型用のモーターの内部のつくりを表したものです。図の中の（　）にあてはまることばを答えなさい。

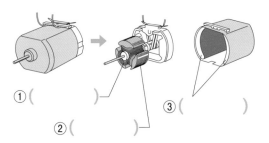

①（　　　）
②（　　　）
③（　　　）

③ 下の図は，エナメル線をまいてつくったコイルを使ったモーターを表したものです。あとの問いに答えなさい。

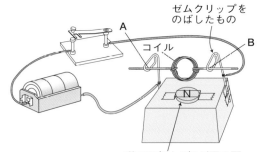

ゼムクリップをのばしたもの
コイル
磁石(N極とS極が面の両側に分かれているもの)

(1) 図のA・Bの部分はどのようになっていますか。次のア～ウから選びなさい。
（　　　）

ア どちらも，すべてエナメルがはがされている。
イ どちらも，エナメルがはがされていない。
ウ 一方は，すべてエナメルがはがされ，もう一方は，半分だけエナメルがはがされている。

(2) このモーターのしくみを，次のア，イから選びなさい。（　　　）
ア 半周ごとに，コイルを流れる電流の向きが入れかわる。
イ 半周は電流が流れてコイルが磁石となるが，残りの半周は電流が流れず，いきおいで回転する。

④ モーターを利用している道具には，どのようなものがありますか。4つ答えなさい。

（　　　）（　　　）
（　　　）（　　　）

テストに出る問題

答え → 別さつ16ページ とく点 ／100
時間30分 合格点80点

1 右の図のように，コイルに電流を流して，磁石のはたらきをさせています。磁石のはたらきを強くするには，どうすればよいですか。次のア〜クから3つ選び，記号で答えなさい。

[6点ずつ…合計18点] 〔　　　〕〔　　　〕〔　　　〕

ア　電池2個を直列につなぐ。

イ　電池2個を並列につなぐ。

ウ　コイルのまき数をふやす。

エ　コイルのまき数を減らす。

オ　とちゅうに電流計を入れる。

カ　かん電池の＋極と－極を逆にする。

キ　つつの中に鉄のしんを入れる。

ク　つつの中にアルミニウムのしんを入れる。

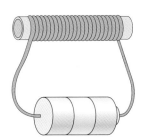

2 ポリエチレンのつつにエナメル線をまき，つつの中に鉄くぎを入れて，下の図のような電磁石をつくりました。次の問いに答えなさい。

[合計26点]

(1) 鉄をすいつける力が強い部分はどこですか。次のア〜オから1つ選び，記号で答えなさい。　　[4点]〔　　　〕

ア　鉄くぎの頭だけ　　イ　鉄くぎの先だけ

ウ　全体　　　　　　　エ　鉄くぎの頭と先

オ　コイルの部分

(2) 鉄くぎの頭の近くに，方位磁針を近づけると，右の図のようになりました。鉄くぎの頭は，何極になっていますか。　　　　　[4点]〔　　**極**　〕

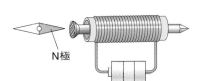

N極

(3) (2)で，電磁石と方位磁針を動かさずに方位磁針の向きを反対にするには，どうすればよいですか。

[10点]〔　　　　　　　　　　　　〕

(4) 鉄くぎをぬいて，コイルだけにすると，鉄をすいつけたり，磁石の向きを変えたりするはたらきは，もとにくらべてどうなりますか。次のア〜エから1つ選び，記号で答えなさい。

[4点]〔　　　〕

ア　強くなる。　　　　　　イ　弱くなる。

ウ　変わらない。　　　　　エ　まったくはたらきがなくなる。

(5) 鉄くぎのかわりにアルミニウムのぼうを入れると，鉄をすいつけたり，磁石の向きを変えたりするはたらきは，もとにくらべてどうなりますか。(4)のア〜エから1つ選び，記号で答えなさい。

[4点]〔　　　〕

3 下の図のア～カは，コイルのまき数やかん電池のつなぎ方を変えて，電磁石の強さをくらべたものです。ただし，エナメル線の長さや太さは，どれも同じです。次の問いに答えなさい。

[合計28点]

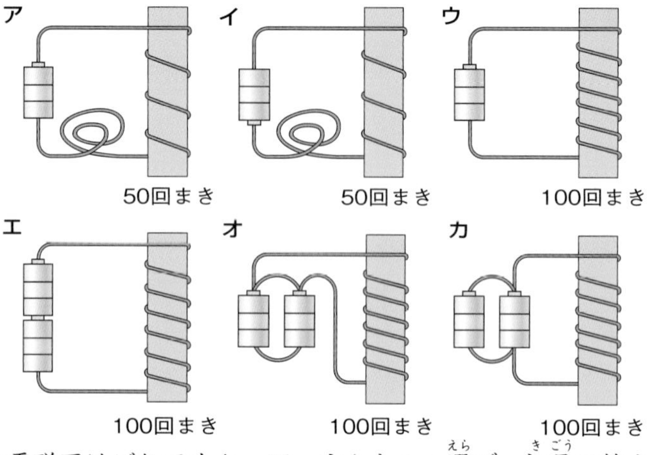

(1) コイルのまき数と電磁石の強さとの関係を調べるには，アとどれをくらべればよいですか。[4点] 〔　　　　〕

(2) 電流の強さと電磁石の強さとの関係を調べるには，ウとどれをくらべればよいですか。

[4点] 〔　　　　〕

ア　50回まき　イ　50回まき　ウ　100回まき

エ　100回まき　オ　100回まき　カ　100回まき

(3) 磁石のはたらきがいちばん強い電磁石はどれですか。ア～カから1つ選び，記号で答えなさい。

[4点] 〔　　　　〕

(4) 磁石の強さが同じなのは，どれとどれですか。ア～カから2組選び，記号で答えなさい。

[各6点] 〔　　と　　〕〔　　と　　〕

(5) 電磁石のはたらきをしていないのはどれですか。ア～カから1つ選び，記号で答えなさい。

[4点] 〔　　　　〕

4 右の図は，モーターのしくみを表したものです。次の問いに答えなさい。　　[合計28点]

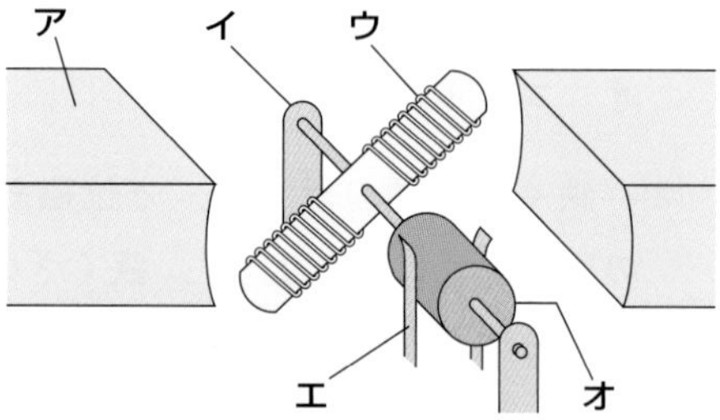

(1) 次の部分はどこですか。図の中のア～オの記号で答えなさい。　[各4点]

① 整流子　　　　〔　　　〕
② 電磁石　　　　〔　　　〕
③ ブラシ　　　　〔　　　〕
④ 永久磁石　　　〔　　　〕

(2) 整流子は，どんな向きにつけるのが正しいですか。次のア～ウから1つ選び，記号で答えなさい。

[6点] 〔　　　　〕

ア　　　　イ　　　　ウ

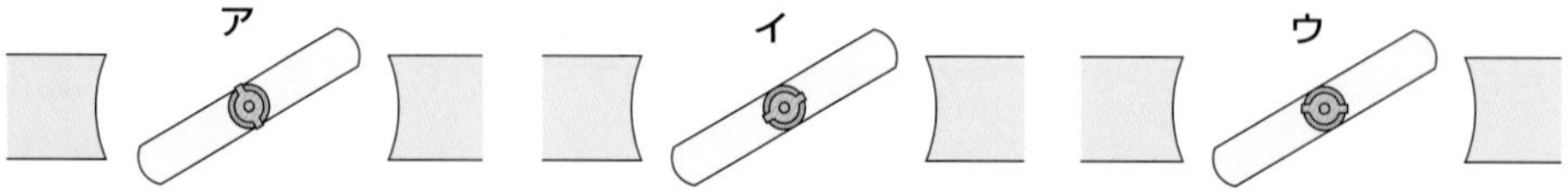

(3) 永久磁石の極は，どのようにするのが正しいですか。次のア～ウから1つ選び，記号で答えなさい。

[6点] 〔　　　　〕

ア　N　S　　イ　N　S　　ウ　N　S

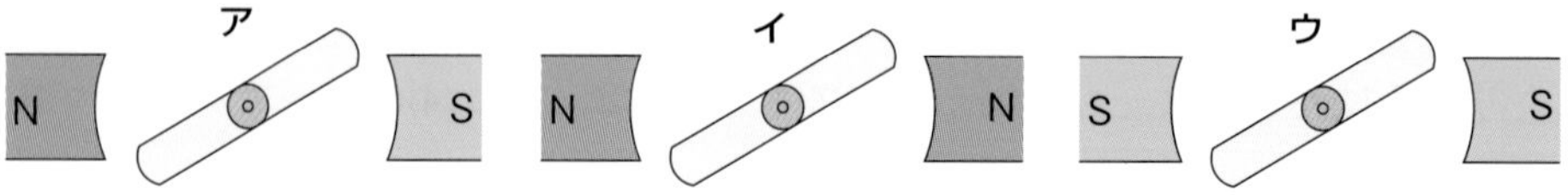

リニアモーターカーのしくみ

▷ 磁石の同じ極どうしを近づけると，反発してしりぞけあいます。この性質を利用して車体をうき上がらせて走らせるのが，リニアモーターカーです。

▷ 新幹線などの電車は，モーターで車輪を回転させ，レールの上を走りますが，この方式では，まさつの関係から時速400kmくらいのスピードが限界といわれています。ところが，リニアモーターカーにはレールがなく，試験走行ですが，時速600km以上のスピードを出すことができます。

▷ リニアモーターカーは，ガイドウェイという走行路の上をういて走ります。ガイドウェイには，下の図のよう

▷ に，車体をうき上がらせるためのふ上用コイルと，車体を前に進ませるためのすい進用コイルがとりつけてあります。また，車体の両側には磁石がN極・S極交ごにとりつけてあります。

▷ すい進用コイルに電流が流れるとN極・S極が生じ，車体の磁石の極との間に引きあう力と反発しあう力がはたらいて，車体が前に進みます。そして，前に進むとすぐに電流の向きが変わり，すい進用コイルのN極・S極が切り変わって，車体をさらに前におし進めます。これをくり返して，リニアモーターカーは進んでいきます。

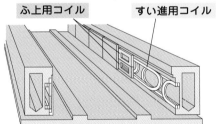

ふ上用コイル　すい進用コイル

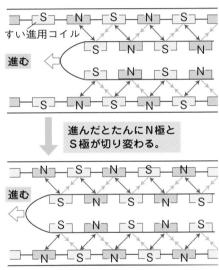

すい進用コイル

進む

進んだとたんにN極とS極が切り変わる。

進む

リニアモーターカー

さくいん この本に出てくるたいせつなことば

□ 編集協力　有限会社キーステージ 21　出口明憲

□ デザイン　福永重孝

□ 図版・イラスト　小倉デザイン事務所　藤立育弘　松田行雄　松見文弥　柳内雅浩　よしのぶもとこ

□ 写真提供　愛媛県　亀村俊二写真事務所　国土交通省　小松真一　JR 東海　志摩マリンランド　日本気象協会

シグマベスト

これでわかる
理科　小学 5 年

編　者　文英堂編集部

発行者　益井英郎

印刷所　凸版印刷株式会社

発行所　株式会社文英堂

〒601-8121　京都市南区上鳥羽大物町28
〒162-0832　東京都新宿区岩戸町17
（代表）03-3269-4231

これでわかる
理科 小学5年

くわしく
わかりやすい

答えと 解き方

● 「答え」は見やすく，答えあわせをしやすいように，各ページの左側にまとめてあります。

● 「ここに気をつけよう」では，みなさんがまちがえやすい所をわかりやすく説明してあります。答えがあっていても，読んでください。

文英堂

1 たねの発芽 本さつ13〜15ページの答え

答 え	ここに気をつけよう

答 え

教科書のドリル 13ページ

❶ (1) ア，エ
   (2) イ，ウ

❷ Ⓐ インゲンマメ
   Ⓑ トウモロコシ
   ① 本葉
   ② ふた葉(子葉)

❸ エ

❹ (1) イ
   (2) でんぷん
   (3) イ

テストに出る問題 14ページ

1 (1) キ
   (2) 発芽のときの養分となる。
   (3) カ
   (4) ク
   (5) ス

2 (1) 水がないため。
   (2) 発芽しない。
   (3) ア…発芽しない。
       イ…発芽しない。

3 イ，エ

4 (1) でんぷん
   (2) ウ
   (3) エ

5 (1) ほとんど変わらない。
   (2) でんぷんが少ししか残っていないから。

ここに気をつけよう

❶ (2) インゲンマメのようにはいにゅうをもたないたねでは，発芽に必要な養分は子葉(イ)にふくまれています。また，トウモロコシのように はいにゅうをもっているたねでは，発芽に必要な養分ははいにゅう(ウ)にふくまれています。

❷ Ⓐは，ふた葉(②)が2まいで，①のような形の本葉をもつことから，インゲンマメだということがわかります。Ⓑは，はいにゅうが地中に残り，はいにゅうからのびた1まいの子葉の間から図のような形の本葉が出ていることから，トウモロコシだということがわかります。

❸ インゲンマメのたねが発芽する条件は，「水・空気・適当な温度」です。

❹ (1) イの子葉がふた葉になり，アの部分は本葉やくき・根に成長します。
(2) ヨウ素液は，でんぷんを青むらさき色にそめます。
(3) インゲンマメの発芽のための養分(でんぷん)は，イの子葉の中に入っていますが，発芽したあとは養分が減っているため，青むらさき色はうすくなります。

1 図1はインゲンマメのたねです。発芽後，アは本葉(キ)になり，イは根(コ)になり，ウの子葉はふた葉(ク)になります。そして，アとイの間の部分がくき(ケ)になります。図2はトウモロコシのたねです。発芽後，オはくき(ス)や葉になり，エは根(シ)になります。カのはいにゅうは養分をたくわえている所で，たね(サ)の中に残ったままです。また，インゲンマメにははいにゅうがないため，ウの子葉に養分をたくわえています。

2 インゲンマメの発芽には「水・空気・適当な温度(インゲンマメの場合は約25℃)」という条件が必要です。(1)では，水がないため，アのインゲンマメは発芽しません。(2)では，たねが水につかって空気とふれなくなるため，空気をとり入れることができなくなり，発芽しません。(3)では，水があってもなくても温度が低すぎるために発芽しません。

3 発芽してすぐは，養分をつくるはたらきが弱いので，芽ばえの成長には，子葉(ふた葉)にふくまれる養分も使われます。ですから，子葉を切ると成長のための養分が少なくなり，育ち方が悪くなります。

4 (3) ヨウ素液は，もともとうすい茶色をしていますが，でんぷんがあると青むらさき色に変わります。

(3) でんぷんが，発芽や芽
ばえの成長に使われ
た。

⑤ 子葉（ふた葉）の中のでんぷんは，発芽や芽ばえの成長に使
われ，本葉が大きく育ったころにはあまり残っていません。
そのため，本葉が大きく育ったころのインゲンマメの子葉を
2つに切って，切り口にヨウ素液をつけても，ほとんど変わ
らず，うすむらさき色になるだけです。

2 植物の成長　本さつ23〜25ページの答え

答　え

教科書のドリル　23ページ

❶ 日光，肥料

❷ (1) B
　(2) 上段・左から…ア，キ，
　　　カ，エ
　　　下段・左から…イ，ク，
　　　オ，ウ

❸ イ

❹ (1) ①と③
　(2) ① ウ
　　　② ア

テストに出る問題　24ページ

1 (1) BとC
　(2) AとB
　(3) B
　(4) ① ア　② エ
　　　③ オ
　(5) イ，エ

2 (1) A…日光
　　　B…水
　(2) イ

3 (1) A
　(2) 肥料がふくまれている
　　　から。
　(3) ウ，オ

4 (1) BとC
　(2) ウ→ア→エ→イ

ここに気をつけよう

❶ 植物の成長には，発芽の条件である，水・空気・適当な温
度のほかに，日光・肥料の2つが必要です。この5つのうち，
どれか1つが欠けただけでも，植物の成長が悪くなります。
特に，水がないと，植物はかれてしまいます。

❷ インゲンマメを，日光に当てずに育てると，せたけは高く
なりますが，くきが細く，葉も小さくしか育ちません。また，
緑色もうすくて，そのまま育てても，マメはできません。せ
たけが高いからといって，育ちがよいとかんちがいしないよ
うにしましょう。

❸ 肥料をあたえたもののほうがじょうぶに育ちます。

❹ (1) 肥料があるかないか以外は，すべて同じ条件のものどう
しをくらべなければなりません。
(2) ②は日光が当たらないので，ウキクサはかれてきます。

1 (1) 日光以外の条件が同じものを2つ選びます。
(2) 肥料以外の条件が同じものを2つ選びます。
(3) 水・日光・肥料の3つの条件がすべてそろっているBが，
最もよく育ちます。
(5) AとBをくらべることによって，肥料が必要だということ
がわかります。BとCをくらべることによって，日光が必要
だということがわかります。

2 (2) 植物の成長には肥料が必要だからといって，肥料をあたえ
すぎてもいけません。植物には，それぞれ必要な肥料の量が
あって，肥料が不足すると育ち方が悪いのと同じように，肥
料があまり多すぎると，かれてしまいます。

3 (1) 肥料をあたえたカボチャのほうが，肥料をあたえなかっ
たカボチャよりも大きく成長します。
(2) 植物の成長と肥料の関係について調べるのですから，土は
肥料がふくまれていないものを使います。花だんの土や野山
の土のように，自然にある土には肥料が必ずふくまれている
ので，この実験には使えません。

(3)肥料以外の条件については同じにします。日かげにおいたり水をやらなかったりすると植物はかれてしまうので，エやカは適当ではありません。

4 (1)日光以外の条件が同じものを2つ選びます。

(2)まず，ウキクサの葉状体という葉のようなものが，連結糸という糸のようなものを通して2つに分かれます。そして，葉状体がふえると連結糸が消え，2つのウキクサができます。これがくり返されて数がふえます。

3 天気の変化(1)　本さつ33〜35ページの答え

答え

教科書のドリル　33ページ

❶ ① 西　② 東
　　③ 西　④ 東
　　⑤ 晴れ　⑥ 晴れる

❷ (1)梅雨(つゆ)
　　(2)イ

❸ (1)エ
　　(2)イ
　　(3)オ

テストに出る問題　34ページ

❶ (1)雲
　　(2)③→①→②
　　(3)ア

❷ (1)晴れ
　　(2)雨
　　(3)ア

ここに気をつけよう

❶ 天気が変化するのは，雲の広がり方や風のふき方が日によって変わるからです。日本上空では，へん西風という強い西風が1年中ふいています。そのため，日本上空の雲は西から東へ流されていることが多く，日本の天気は西から東へ変わっていくことが多いのです。

❷ 6月ごろ，日本付近では，写真のような帯状の雲があまり動かずに何日もじっとしているため，天気の悪い日が続く時期があります。この時期を梅雨(つゆ)といいます。

❸ (1)うす雲とよばれている雲は巻層雲です。
(2)雨や雪などがふっていないとき，雲量が0〜8のときを晴れ，9〜10のときをくもりとよんでいます。したがって，雲量6のときは晴れです。
(3)「全天が暗いはい色の雲でおおわれ，まもなくこの雲による雨がふり出した」ことから，この雲は乱層雲(雨雲)であることがわかります。

❶ (2)日本上空では1年中強い西風(へん西風)がふいているため，雲も西から東へ流されていきます。
(3)②の写真を見ると，東京の西側にはほとんど雲が見られないので，東京の次の日の天気は晴れることが予想されます。

❷ (1)雨や雪などがふっていないときの天気は雲量によって決められます。雲量が0〜8のときは晴れ，9〜10のときはくもりと決められています。図1の雲量は，およそ4〜5ぐらいなので，天気は晴れということになります。
(2)空気がふくんでいる水じょう気の量が多いと，その空気が山をこえるために上がるときに雲ができやすくなります。

③(1)イ
(2)①エ
  ②札幌…くもり
   東京…雨
   大阪…晴れ
④オ

③(1)アメダスは，雨，風，雪などの気象状況を時間的，地域的に細かく把握するために，降水量・風向・風速・気温・日照時間の観測を自動的におこない，気象災害の防止・軽減に重要な役わりを果たしています。また，雪の多い地方の約1300か所では積雪の深さも観測しています。
(2)①雨量は，平らな地面にたまった雨水の量の深さで表します。これは雨量計で観測します。
②図1の雨量と図2の雲のかかりぐあいから考えます。札幌は雨はふっていませんが雲がかかっているからくもり，東京は雨がふっています。大阪は雨もふっていないし，雲もかかっていないから晴れです。
④短時間にいっきに大量の雨をふらす雲は積乱雲です。

4 魚のたまごの成長　本さつ45〜47ページの答え

答え

教科書のドリル　45ページ

❶(1)×　　(2)×
(3)○

❷(1)③，④
(2)イ

❸(1)1〜1.5mmくらい
(2)親メダカに食べられないようにするため。

❹(1)約2週間
(2)ウ→オ→ア→エ→イ
(3)養分

❺ア…接眼レンズ
イ…レボルバー
ウ…対物レンズ
エ…調節ねじ

テストに出る問題　46ページ

❶(1)ウ
(2)イ
(3)エ
(4)親とべつべつにしなければならない。
(5)ア

ここに気をつけよう

❶(1)水道の水は，直接入れてはいけません。バケツなどにくんで，1日以上おいてから入れます。
(2)水そうを日光が直接当たる所におくと，水の温度が上がりすぎ，メダカが死ぬことがあります。

❷(1)おすのメダカは，③のしりびれが大きく平行四辺形のような形をしていて，④のせびれには切れこみがあります。
(2)たまごは，③のしりびれの前のつけねにあるこう門のあたりからうみ出されます。

❸(2)うみ出されたたまごを，親メダカやほかのメダカが食べてしまうことがあります。

❹(2)たまごの中で，からだの各部がだんだんできあがっていくように，ならべ変えます。
(3)たまごからかえって2〜3日間は，はらの下にあるふくろの中の養分だけで育ちます。

❺けんび鏡のつくりをしっかり覚えておきましょう。

❶(1)メダカのおすとめすは，次の2点で見分けます。
せびれ┃切れこみがある…おす
　　　┃切れこみがない…めす
しりびれ┃平行四辺形のような形をしている…おす
　　　　┃三角形のような形をしている…めす
(2)空気中の酸素が水そう内の水の中にとけこみやすいように，口の広い水そうが適しています。

2 (1) 解ぼうけんび鏡
そう眼実体けんび鏡
(2) ⑦
(3) イ
3 (1) 受精
(2) 受精卵
4 (1) ア
(2) イ
5 (1) ア…接眼レンズ
イ…調節ねじ
ウ…対物レンズ
エ…反しゃ鏡
(2) ②→①→④→③

(3) えさは，食べ残しが出ないていどの量を毎日あたえます。
(4) うみ出されたばかりのたまごは，親メダカが食べてしまうおそれがあるため，すぐに親メダカとべつべつに分けなければなりません。
(5) うみ出されたばかりのたまごは，つぶ（油球，油てきともいう）が全体にちらばっています。
2 (1) 解ぼうけんび鏡を使うと，メダカのたまごを，10倍または20倍の大きさで観察することができます。
(2) ⑦はからだのもとになる部分で，イは養分になる部分。
(3) ⑦のように，メダカのたまごについている長い毛のようなものを付着糸といいます。付着糸は，うみつけられたたまごを水草などにからみつかせるはたらきをしています。川の水の流れによってたまごが流されないのは，水草に付着糸がしっかりとからみついているからです。
3 多くの動物では，めすのたまごとおすの精子が結びついて（受精），受精卵ができ，成長を始めます。
4 (1) ⑦の中には，たまごからかえって2～3日分の養分が入っているので，その間は何も食べません。
(2) 養分が使われると，ふくろは小さくなり，なくなります。
5 (2) 対物レンズとプレパラートをぶつけないようにできるだけ近づけたあと，対物レンズとプレパラートを遠ざけながらピントをあわせます。

5 人や動物のたんじょう 本さつ55～57ページの答え

答　え

教科書のドリル　55ページ

❶ (1) 精巣
(2) 卵巣
(3) 約0.06mm
(4) 約0.14mm
(5) 受精
(6) 受精卵
❷ (1) A…羊水
B…たいばん
C…へそのお

ここに気をつけよう

❶ 卵巣でつくられた1個の卵は，卵巣を出て輸卵管へと入り，輸卵管の中で1個の精子（精巣でつくられる）といっしょになり，受精卵になります。受精卵は子宮へと送られ，子宮のかべにくっついて，たい児へと成長していきます。
❷ (2) 羊水には，母親が外から受けたショックからたい児を守るはたらきがあります。
(3) へそのおの中には血管が入っていて，その血管がたいばんまでのびています。養分やいらなくなったものは，血液によって運ばれ，たいばんで受けわたしをします。

(2) ショックからたい児を守る。

(3) ① 養分

② いらなくなったもの

❹ (1) 30日目くらい

(2) 266日目くらい

(3) 身長…約50cm
体重…約3kg

(4) うぶ声

(5) こきゅう

❹ (1) ア, オ

(2) 母親のちちを飲んで育つ。

(3) たまごの中の養分で育つ。

テストに出る問題 56ページ

❶ (1) A…輪卵管
B…卵巣
C…子宮

(2) イ

(3) A

(4) C

❷ (1) 子宮

(2) たいばん

(3) エ

(4) ウ

❸ (1) エ

(2) ウ

(3) ウ

(4) ウ

(5) こきゅうを始める。

(6) 母親のちちを飲む。

❹ (1) × (2) ○ (3) ○

(4) × (5) ○ (6) ×

(7) ○

❸ (1), (2)子宮についた受精卵は, 次のようにして, 子どもへと成長していきます。

・30日目くらい…心ぞうが動いて血液が流れはじめる。

・60日目くらい…手・足がはっきりとできてくる。

・100日目くらい…人にしたすがたになってくる。

・150日目くらい…頭の毛がはえはじめる。

・266日目くらい…母親のからだの外へうみ出される。

(4), (5)たい児は, 母親のからだの中にいるころは, へそのおを通して酸素が運ばれてくるため, こきゅうをしていません。うみ出されて, なき声を上げることによってこきゅうを始めます。このときのはじめのなき声をうぶ声といいます。

❹ (1)ワニ, ハチ, カエル, ハトなどは, たまごでうまれます。ウマ, ウサギなどは, 親と似たすがたでうまれます。おなかにへそがあるのは, 親と似たすがたでうまれる動物の特ちょうの1つです。

(2)親と似たすがたでうまれる動物は, うまれてからしばらくは母親のちちを飲んで育ちます。

❶ Bの卵巣でつくられた1個の卵(卵子)がAの輪卵管に出されます。ここで, 1個の精子と受精し, 受精卵となります。受精卵はCの子宮に送られ, ここのかべにつき, 子宮の中で育っていきます。

❷ へそのおの中にはたい児の血管が通っていて, この血管はたいばんまでのびています。養分やいらなくなったものはこの中の血液によって運ばれ, たいばんで母親から養分を受けとり, いらなくなったものは母親へわたします。しかし, たい児と母親の血管はつながっているわけではないので, たい児と母親の血液がまざることはありません

❸ (1), (5)たい児は, 母親のからだの中にいるときからよく動き, 受精から150日をこえるころになると, 母親もたい児の動きを感じられるようになります。また, 子宮内のたい児は羊水という液体の中にいて, 酸素はへそのおの中の血管を通して母親から受けとっているため, まだこきゅうをしていません。しかし, たい児がうみ出されると, たいばんが母親のからだからはなれるため酸素を受けとることができなくなり, 自分で息をすってこきゅうを始めます。このとき, はじめてなき声を上げ, このなき声をうぶ声というのです。

❹ (1)ブタは人と同じように, 親と似たすがたでうまれてきます。

(4)へびのようにたまごをうむ動物のからだには, たいばんはありません。

(6)ツバメのようにたまごをうむ動物は, 母親のちちを飲んだりしません。

6 花から実へ

答え

教科書のドリル　67ページ

❶(1)ア…花びら
　　イ…がく
　　ウ…おしべ
　　エ…めしべ
　(2)子ぼう

❷(1)①
　(2)ア…おしべ
　　イ…つぼみ
　　ウ…子ぼう
　　エ…めしべ

❸ア，オ

❹アサガオ…ウ
　ヘチマ…ア

❺(1)花粉　　　(2)ねばねば
　(3)受粉　　　(4)虫
　(5)子ぼう　　(6)たね

テストに出る問題　68ページ

❶(1)①イ　②ウ　③ア
　　④オ　⑤エ
　(2)図2…おばな
　　図3…めばな
　(3)カ
　(4)ク
　(5)①オ　②ケ

❷①×　②×　③○
　④×　⑤○　⑥×

❸(1)①ア　②ウ
　(2)ア

ここに気をつけよう

❶(1)アサガオをはじめ，多くの植物の花は，がく・花びら・おしべ・めしべの4つの部分からできています。
(2)めしべのもとのふくらんでいる部分を子ぼうといい，ここが実に育っていきます。

❷②はウの子ぼうの部分があるのでめばな，①は子ぼうがないのでおばなです。また，おばなにあるアはおしべ，めばなにあるエはめしべ(ウの子ぼうもふくむ)です。

❸ヘチマのように，おばなとめばなをつける植物には，カボチャ・ツルレイシのほかに，ヒョウタン・キュウリ・スイカ・トウモロコシなどがあります。

❹花粉のだいたいの形はおぼえておきましょう。イはマツの花粉です。

❺(2)アサガオのめしべの先はねばねばしていて，花粉がくっつきやすくなっています。
(3)，(5)めしべの先に花粉がつくことを受粉といい，受粉がおこなわれると，子ぼうが大きく育って実になり，その中にたねができます。
(4)ヘチマの花の花粉は，虫のからだにつきやすいように少しねばりけがあります。

❶(2)ケの子ぼうのある図3がめばなです。
(3)，(4)アサガオとヘチマのように，植物の種類がちがうと，おしべやめしべの形もちがいます。アサガオでは，イのおしべもウのめしべも1つの花の中にありますが，ヘチマでは，カのおしべはおばなにあり，クのめしべはめばなにあります。また，おばなにあるキは，これから花がさくつぼみです。
(5)めしべのもとにあるオやケの子ぼうが実になります。また，アサガオの子ぼうはがくや花びらより上にありますが，ヘチマの子ぼうはがくや花びらより下にあります。

❷②アブラナには，1つの花に，おしべとめしべの両方がそろっています。
④実ができるのは，めばなだけです。
⑥ちがう種類の花の花粉を受粉しても，実やたねはできません。

❸(1)ア〜エが，何という植物の花の花粉かを，まず判断します。アはヘチマの花粉，イはスギの花粉，ウはマツの花粉，エはタンポポの花粉です。
(2)マツの花粉は，空気ぶくろがついていて，風にとばされやすくなっています。

④(1)花に集まる虫などに
　　よって受粉するのを防
　　ぐため。
　(2) A
　(3) イ

④(1)つぼみのうちにふくろをかぶせないと，実ができても，
　自然状態ではうまくいくとは限らないが…りません。ま
　た，ヘチマの花粉は，虫によって運ばれます。
　(2)Bのように，ちがう種類の植物の花粉を受粉しても実はで
　きません…。

7 天気の変化(2)　本さつ75～77ページの答え

答　え

教科書のドリル　75ページ

❶(1)台風
　(2)エ
　(3)雨の量…多くなる。
　　　風の強さ…強くなる。

❷①こう水
　②風
　③水不足

❸ウ，エ

❹(1)エ
　(2)日本海側…エ
　　　太平洋側…ア

テストに出る問題　76ページ

❶(1)イ
　(2)台風の目
　(3)雨も風もやむ。
　(4)②→③→①
　(5)①南　②北
❷(1)○　(2)×　(3)○
　(4)×　(5)○

ここに気をつけよう

❶(2)台風の進路は，日本付きんにくると北東に進むことが多い
といえます。
(3)台風の雲は，大雨をふらせたり，強い風をふかせたりします。
❷台風は，大雨と強風がともなうため，こう水・がけくずれ・
家がこわれる，などのひ害をもたらします。しかし，台風の
雨は水資げんにもなります。
❸秋のころの雲の動きと天気の変化のようすは，春のころと
よく似ていて，雲が西から東へ動き，3～4日ごとに雨の日
と晴れの日がくり返されます。
❹(1)日本海側にすじ状の雲がたくさんあり，太平洋側には雲
があまりないのは，典型的な冬のころの雲のようすです。
(2)日本海上で水分をふくんだ冷たい空気が，日本アルプスな
どの高い山をこえるために上に上がり，冷やされて，日本海
側に雪をふらせます。日本海側で雪として水分をうしなうた
め，山をこえて太平洋側にきた空気はかんそうしており，太
平洋側は晴れの日が多くなります。

❶(2)，(3)台風の中心のすっぽりあいた部分を台風の目といい
ます。台風の目がちょうどま上にきたとき，雨も風もやみま
すが，台風の目が通り過ぎると，ふたたび強い雨，風になる
ので，注意が必要です。
(4)，(5)台風の雲の動きは，台風によってちがいますが，日本
付近では，おおまかに，南のほうから北のほうへと動いてい
きます。
❷(2)台風のときの風は，台風の通過にともなって，ふいてく
る向きが少しずつ変わっていきます。
(4)冬は，日本海側から冷たくしめった空気が日本にふきつけ
ます。

本さつ75，76ページの答え　　9

3 (1)イ
(2)ウ
(3) 3〜4日ごとに雨の日と晴れの日がくり返される。

4 (1)冬
(2)エ
(3) 日本海側で雪をふらせることで，太平洋側まできた空気はかんそうしているから。

3 (1)春や秋の雲は，およそ西から東へ移動していきます。
(2)写真の東京上空に雲はないので，さつえいした日の東京の天気は晴れていたと考えられます。しかし，日本の西側にまとまった雲があるため，しだいにくもってきて，やがて雨がふりだすということも予想できます。

4 (1)冬は北西の風がふくことが多いので，日本海側に北西から南東に向かったすじ雲ができやすくなります。
(2)，(3)日本海で水分をふくんだ冷たい空気が日本アルプスなどの高い山をこえるために上に上がり，さらに冷やされて，日本海側に雪をふらせます。空気中の水分が雪として出されたので，太平洋側にきた空気はかんそうしており，太平洋側では晴れの日が続きます。

8 流れる水のはたらき　本さつ87〜89ページの答え

教科書のドリル　87ページ

❶ (1) 深くけずられる。
(2) あまりけずられない。
(3) 外側
(4) 速くなる。

❷ (1) すな
(2) イ

❸ (1)ウ　(2)ア
(3) がけができている。
(4) けずるはたらき，運ぶはたらき

❹ (1)ア…中流
イ…上流
ウ…下流
(2) 上流
(3) 下流
(4) 上流

❶ (1)，(2)流れの速い所では，けずるはたらきと運ぶはたらきが強くなりますが，流れがおそくなるにつれて，この2つのはたらきは弱くなり，積もらせるはたらきが強くなります。
(3)流れが曲がっている所では，外側にいくほど流れが速くなっています。
(4)水の量が多くなると，流れは速くなります。

❷ (1)小石とすなでは，1つぶの大きさはすなのほうが小さく，軽いので，すなのほうが流されやすいのです。
(2)イのほうが，小石やすながたくさん流されているので，イのほうが流れが速いといえます。

❸ (1)〜(3)流れが曲がっている所では，外側(ウ)にいくほど流れが速くなるので，けずるはたらきが大きくなり，その岸(エ)ではがけができやすくなります。また，その逆に，内側(イ)にいくほど流れがおそくなるので，積もらせるはたらきが大きくなり，その岸(ア)には川原ができやすくなります。
(4)水の量がふえると，流れも速くなり，水の持つ力が大きくなるため，けずるはたらきや運ぶはたらきが大きくなります。

❹ 川の上流では，かたむきが大きいため，流れは速くなります。また，石などは，まだあまり長いきょりを流されていないため，大きくて角ばったものが多くあります。川の下流にいくにつれて，流れはゆるやかになり，積もらせるはたらきが大きくなるため，中州などができやすくなります。さらに，石は長いきょりを流されている間に，石どうしでぶつかり合ったりして，角がとれ，丸くなっています。

テストに出る問題　88ページ

1(1)イ
　(2)① けずり
　　　② 押(おさ)えて(はずれ)

2(1)ア
　(2)ウ
　(3)水の量(りょう)をふやす。

3① 大きい
　② 小さい
　③ 角ばっている
　④ 丸い
　⑤ 土やすなを積(つ)もらせる

4(1)消波(しょうは)ブロック
　(2)ウ
　(3)速(はや)くなっている。

5(1)イ，オ
　(2)おそくなっている。
　(3)◯い

6ア，オ，キ

ここに気をつけよう

1(1)土は水よりも重いため，ゆっくりと時間をかけてしずんでいきます。土がすべてしずんでしまうと，上のほうはすんでいきます。

2(1)流れが速いのは，かたむきが急な所です。ア～ウの中では，アのかたむきがいちばん急です。
(2)土が積もるのは，流れがおそくなる所です。流れがおそいのは，かたむきのゆるやかなウです。
(3)水が地面をけずるはたらきは，流れが速いほど，また，水の量(りょう)が多いほど，強くなります。

3上流の石は，まだあまり流されていないので，大きくて角ばっています。石は流されるにつれて，石どうしでぶつかったりして角がけずれていき，小さくて丸くなっていきます。したがって，下流では，小さくて丸い石が多いのです。また，下流では流れがゆるやかなので，土やすなを積もらせるはたらきがさかんになります。

4(1)消波ブロックとは，岸(きし)にたくさんおいてあるコンクリートのかたまりで，波のはたらきを弱め，岸がけずられるのを防(ふせ)ぎます。
(2)雨がふり続(つづ)くと，川の水の量が多くなり，流れは速くなります。また，水がにごり，ウのようになります。

5(1)，(2)小石やすなが積もって川原(かわら)ができるのは，流れがおそい所です。川が曲がっている所では，図のイやオのような内側(うちがわ)で流れがおそくなっています。
(3)アとイでは，アのほうが流れが速いので，川底(そこ)は深くほられているはずです。いっぽう，イのほうは，流れがおそいので，小石やすなが積(あ)もって 川底は浅(あさ)くなっているはずです。これを図にすると，◯いになります。

6防波(ぼうは)ていは，海の波(なみ)から港(みなと)を守(まも)る役目(やくめ)をします。防風林(ぼうふうりん)は，強い風から家や線路(せんろ)を守る役目をします。ため池は，雨が少ない地方で，農業用水(のうぎょうようすい)を確保(かくほ)する役目をします。

9 物のとけ方　本さつ96,105〜107ページの答え

答　え	ここに気をつけよう

教科書のドリル　96ページ

❶(1)水(すい)よう液(えき)
　(2)とう明
　(3)いちように

❷(1)×　　(2)×

❶牛乳(ぎゅうにゅう)やばくじゅうなどのように，にごっていて向こう側(がわ)が見えない液は，水よう液とはいいません。
❷(1)食塩水(しょくえんすい)を熱(ねっ)して水をじょう発(はつ)させると，食塩が残(のこ)ります。
(2)水の量(りょう)が同じでも，とけることのできる量は，物(もの)によってちがいます。

❸ 125g

❹ (1) ④→③→①→②
  (2) ア…水面
    イ…へこんだ所

❺ (1) きまった体積の水にと
    ける食塩の量には限度
    がある。
  (2) すべてとける。

教科書のドリル　105ページ

❶ (1) ア，ウ　(2) ウ

❷ 食塩…ア
  ホウ酸…ウ
  ミョウバン…イ

❸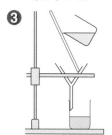

❹ (1) ホウ酸の白いつぶだけ
    が残る。
  (2) まったくとけない。
  (3) ホウ酸の白いつぶが出
    てくる。

❺ イ

テストに出る問題　106ページ

❶ (1) ㋐
  (2) ㋑
  (3) ① ○　② ×
    ③ ○　④ ○
  (4) 36.4g

❷ (1) ① 55g
    ② 60g
    ③ 67.9g
  (2) エ

❸ 水とビーカーの重さが146gで，ビーカーの重さが46gなので，水の重さは，146−46＝100（g）です。加えた食塩の重さは25gなので，できた食塩水の重さは，100＋25＝125（g）です。

❹ (1) まず，はかりとりたい量より少なめに入れ，残りはスポイトで少しずつ加えて正確にはかります。
  (2) 目の高さは水面と同じ高さにして見ます。

❺ (1) の実験では，50mLの水にとける食塩の量が15g以上，20g以下であることがわかります。
  (2) 50mLの水にとける食塩の量が15g以上であることから，100mLの水にとける食塩の量は30g以上であるといえます。

❶ 水の量が変わらないのであれば，いくらかきまぜても，とける量はふえません。ただ，ホウ酸の場合，水の体積はそのままでも，水の温度が上がると，とける量がふえます。食塩はほとんど変わりません。

❷ 水の温度が変化しても食塩のとける量はあまり変化しませんが，ホウ酸やミョウバンのとける量はかなり変化します。とくに，ミョウバンの変化はホウ酸の変化より大きくなっています。

❸ 液は，はねないようにガラスぼうを伝わらせて少しずつそそぎます。また，ろうとの先は長いほうをビーカーのかべにつけます。

❹ (2) とけ残りが出るまでとかした液のろ液なので，それ以上とかすことはできません。
  (3) ホウ酸は，水の温度が下がると，とけることのできる量が少なくなるので，とけきれなくなったぶんのホウ酸の白いつぶが出てきます。

❺ 食塩の結しょうは，さいころのような立方体をしています。

❶ (1) ホウ酸は，水の温度が高くなるにつれ，とける量がどんどんふえますが，食塩は水の温度が高くなっても，とける量は少ししかふえません。これより，㋐がホウ酸のとけ方で，㋑が食塩のとけ方だということがわかります。
  (2) メスシリンダーで液体の体積をはかるとき，目の位置は液面と同じ高さにします。
  (3) ② 温度が変化すると，食塩よりホウ酸のほうがとける量が変化します。
  (4) 表より，40℃の水50mLに，食塩は18.2gとけます。温度はそのままで，水の体積が2倍の100mLだと，とける食塩の量も2倍の36.4gになります。

③ (1) ⑦ …食塩
   　　⑦ …ホウ酸
(2) 約45℃以上
(3) ⑦
(4) イ
(5) 結しょう
(6) ① 約50℃
   　② 約3.5g

④ (1) ろ過
(2) ろうとの長いほうの先
   をビーカーのかべにつ
   ける。
(3) ふくまれている。

② (1)①と②は，どちらもすべての食塩がとけているので，水
の重さに，加えた食塩の重さをたせば，食塩水の重さになり
ます。しかし，③は，2.1gの食塩がとけ残っているので，と
けている食塩の量は，20-2.1=17.9 (g) です。
① 50+5=55 (g)
② 50+10=60 (g)
③ 50+17.9=67.9 (g)

③ (2)グラフのたてのじくの5gからまっすぐ横に見て，ホウ酸
の曲線⑦とぶつかったときの温度を読みます。
(3)グラフより，水の温度が60℃だと，50mLの水に約18gの
食塩がとけています。ですから，同じ温度で水の量が100mL
だと，約36gまでは食塩がとけます。
(6)①グラフのたてのじくの6gからまっすぐ横に見て，⑦の曲
線とぶつかったときの温度を読みます。
②20℃の水には，ホウ酸は2.5gしかとけることができません。
ですから，
$$6-2.5=3.5 (g)$$
が，とけきれなくなって出てきます。

④ (2)ろうとの長いほうの先をビーカーのかべにつけないと，
ろうとから出てきたろ液がはねてしまいます。
(3)水にとけたホウ酸はろ紙を通りぬけるので，ろ液にはホウ
酸がとけています。

10 ふりこの運動 　本さつ115〜117ページの答え

答　え

教科書のドリル　115ページ

❶ (1) イ
(2) ふりこ
❷ (1) 支点
(2) ふれはば
(3) イ
(4) 変わらない。
❸ (1) 10往復の時間をはかっ
   て10でわる。
(2) 変わらない。
(3) 変わらない。
(4) 長くなる。
(5) ふりこの長さ
❹ (1) エ
(2) イ，ウ

ここに気をつけよう

❶ ふりこは，空気のていこうなどがなければ，左右にふれ続
けます。
❷ (4)ふれはばが変化しても，1往復の時間は変化しません。
❸ (1)10往復の時間をはかって，それを10でわると，ご差(本
当のあたいとのちがい)が小さくなります。
(2)〜(5)ふりこの1往復の時間は，ふりこの長さによってきま
り，ふりこの長さが長いほど，1往復の時間も長くなります。
また，ふりこのふれはばやおもりの重さは1往復の時間に関
係ないため，ふりこのふれはばを大きくしたり，おもりを重
くしても，1往復の時間が変わることはありません。
❹ ふりこの長さが長いほど，ふりこの1往復の時間は長くな
ります。おもりの重さやふれはばは，1往復の時間に関係し
ません。
(1)アのふりこよりも長さが長いのは，エのふりこです。
(2)イのふりことウのふりこは，アのふりこと長さが同じなの
で，1往復の時間も同じです。

テストに出る問題　116ページ

1 (1) ウ
(2) イ
(3) エ，オ

2 (1) 計算式…14.0÷10
答え…1.4秒
(2) イ
(3) ②と⑥
(4) ふりこが1往復する時間は，ふりこの長さに関係している。

3 (1) ア
(2) エ

4 (1) ① B，D
② C，D
(2) おもりのおもさだけを変えても，ふりこの周期は変わらない。
(3) イ

1 ふりこが1往復する時間に，ふれはばやおもりの重さは関係しません。ふりこの長さが長いほど，ふりこが1往復する時間は長くなります。
(1) アよりもふりこの長さが長いのはウです。
(2) アよりもふりこの長さが短いのはイです。
(3) ア，エ，オのふりこの長さは同じです。

2 (1) 10往復するのに，14.0秒かかっています。ですから，14.0秒を10でわると，1往復するのにかかった時間が求められます。
(2) ⑤のほうがふれはばが大きいので，高さの変化が大きくなり，速さも速くなるといえます。また，おもりの移動するきょりが長くなるが10往復の時間は①と同じであることからも，⑤のほうが速いといえます。
(3) おもりの重さだけがちがい，そのほかの条件はすべて同じであるものどうしをくらべなければなりません。
(4) ②と⑤をくらべることによって，ふりこの長さが長いほど1往復する時間は長くなるといえます。②と⑥をくらべることによって，おもりの重さは1往復する時間に関係しないといえます。③と④をくらべることによって，ふれはばは1往復する時間に関係しないといえます。

3 (1) ふりこは左右同じはばにふれ，真ん中の位置から左はし，右はしに達するまでの時間は等しくなります。
(2) ふりこが1往復する時間は，ふりこの長さだけに関係し，ふりこの長さが長くなると1往復する時間も長くなります。

4 (1) ① ふりこの重さ，糸の長さ，ふれはばのうち，糸の長さだけを変えて他のものは同じ2つの組をさがします。
② ふれはばだけを変えた2つの組をさがします。
(2) 重さだけを変えた2つの組（EとF）をくらべてみると，周期は変わらないことから，「おもりの重さを変えても，ふりこの周期は変わらない」といえます。
(3) ふりこが1往復する時間（周期）が長くなればいいので，ふりこのおもりの位置を下げて，糸の長さを長くしたのと同じ状態にします。こうするとふりこ時計はゆっくり進むようになります。

11 電流のはたらき 本さつ126, 130, 132ページの答え

答え

教科書のドリル　126ページ

❶ 電磁石

❷ ア

❸ (1) ウ…S極
　　　エ…N極
　(2) ア
　(3) ウ…N極
　　　エ…S極

❹ ウ

❺ (1) 直列につなぐ。
　(2) ＋極側…エ
　　　－極側…ウ
　(3) 240mA

教科書のドリル　130ページ

❶ (1) ア…⊙　イ…え
　　　ウ…あ　エ…お
　(2) オ　　(3) キ
　(4) 135°

❷ ① コイル
　② 鉄しん
　③ 磁石

❸ (1) ウ
　(2) イ

❹ せん風機, 洗たく機, 電気
　そうじ機, 冷ぞう庫など

ここに気をつけよう

❶ コイルの中に鉄のしん（鉄心）を入れて電流を流すと, 鉄の
しんを入れないときよりも磁石のはたらきが強くなります。
❷ 木やガラスには磁力を伝えるはたらきはないので, 電磁石
のしんにはなりません。
❸ (1)方位磁針のN極が電磁石のウに引きつけられたのは, ウ
がS極だからです。ウがS極ならば, その反対側のエはN極
です。
(2)電磁石の片方の極から見て, コイルを流れる電流の向きが
左回りであればN極, 右回りであればS極です。いま, ウは
S極なので, ウのほうから見て, 電流はコイルを右回りに流
れています。そのように流れるには, 電流の流れている向き
はアでなくてはなりません。
(3)電流の流れる向きを反対にすると, 電磁石の極も反対にな
ります。
❹ 電磁石は, コイルのまき数が多いほど, また, コイルを流
れる電流が強いほど, 磁石のはたらきが強くなります。
❺ (2)＋極側の導線は＋たんしにつなぎ, －極側の導線は－た
んしにつなぎます。また, はかりたい電流の大きさがまった
く予測できないときは, なるべく電流計の針がふりきれない
ように, 最も大きい－たんしを使います。

❶ (3)電磁石のS極のほうから見て, コイルを流れる電流の向
きが右回りになるように, 電流が流れていきます。
(4)電磁石が水平になるたびに電流の向きが入れかわります。
❷ 模型用のモーターも, まわりに永久磁石があって, 中心の
電磁石が回転するようになっています。
❸ エナメル線のはげている所がゼムクリップにふれていると
きには電流が流れ, コイルが電磁石となり, 下に置いた永久
磁石（問題図ではN極）と引きあったり, 反発しあったりして
回転しようとします。電磁石となったコイルのS極がま下を
向いたとき, ちょうどエナメルをはがしていない所がゼムク
リップにふれるようになり, 電流が流れず, コイルは電磁石
ではなくなり, それまでのいきおいで半回転します。これを
くり返して, 回転しています。
❹ 解答例以外にも, エレベーター, 電車, 電気自動車などた
くさんあるので, いろいろ考えてみましょう。

テストに出る問題　131ページ

1 ア，ウ，キ

2 (1) エ
(2) S極
(3) かん電池の＋極と－極を入れ変えて，電流の向きを逆にする。
(4) イ
(5) イ

3 (1) ウ
(2) エ
(3) エ
(4) アとイ，ウとカ
(5) オ

4 (1) ① オ　② ウ
③ エ　④ ア
(2) イ
(3) ア

---

1 コイルに電流を流したとき，コイルがもつ磁石のはたらきを強くするためには，ここであげた3つの方法があります。かん電池は2個でなくても，2個以上の電池を直列につなげば，たくさんつなぐほど流れる電流が大きくなり，磁石のはたらきは強くなります。

2 (1) 電磁石もぼう磁石と同じように，鉄をすいつける力が最も大きいのは，N極，S極の両はしです。
(2) くぎの頭のほうに方位磁針のN極が引きよせられているので，くぎの頭はS極です。
(5) アルミニウムのぼうを入れても電磁石にならないので，磁石のはたらきはコイルだけのときのように弱くなります。

3 (1)，(2) くらべる条件以外の条件がすべて同じものどうしをくらべなければなりません。アとまき数だけがちがうのはウです。また，ウと電流の強さだけがちがうのはエです。
(3) コイルのまき数が最も多く，コイルを流れる電流が最も大きいエの電磁石が最も強くなります。
(5) オのかん電池の－極には，＋極からの導線がつながっていないので，電流は流れず，コイルは電磁石になりません。

4 (2) 電磁石が水平になったときに，電流が流れなくなり，次のしゅん間から電流の向きが入れかわるようにしなければなりません。

⑦